Azhar ul Haque Sario

Custo da energia solar

Azhar ul Haque Sario

Custo da energia solar

100 resultados de investigação em 40 países

ScienciaScripts

Imprint

Cover image: www.ingimage.com

This book is a translation from the original published under ISBN 978-620-6-77487-7.

Publisher:
Sciencia Scripts
is a trademark of
Dodo Books Indian Ocean Ltd. and OmniScriptum S.R.L publishing group

120 High Road, East Finchley, London, N2 9ED, United Kingdom
Str. Armeneasca 28/1, office 1, Chisinau MD-2012, Republic of Moldova, Europe
Printed at: see last page
ISBN: 978-620-8-22659-6

ÍNDICE

Resumo

Custo da energia solar: iluminar o caminho a seguir

Num mundo ávido de soluções sustentáveis, a energia solar brilha como um farol de esperança. Mas qual é o verdadeiro custo do aproveitamento desta energia celestial? E como é que esse custo varia em todo o mundo?

"Solar Energy Cost: 100 Research Findings on 40 Countries" embarca numa viagem fascinante através da intrincada paisagem da economia da energia solar. Analisamos os resultados de 100 estudos de investigação realizados em 40 países diferentes, desde os desertos ensolarados do Médio Oriente até às movimentadas metrópoles da China e dos Estados Unidos.

Não se trata apenas de uma coleção de pontos de dados. Damos vida a estes estudos, dissecando as suas conclusões com um toque humano. Exploramos as implicações no mundo real de cada descoberta de pesquisa, fazendo as perguntas difíceis: Que barreiras impedem a adoção da energia solar? Como é que os governos e as indústrias podem colaborar para tornar a energia solar mais acessível? O que é que o futuro reserva para esta tecnologia transformadora?

Das praias ensolaradas do Brasil aos picos cobertos de neve da Suíça, "Solar Energy Cost" oferece uma visão panorâmica da paisagem solar global. Quer seja um especialista do sector, um decisor político ou simplesmente um curioso cidadão do mundo, este livro iluminará o caminho para um futuro mais brilhante e sustentável.

Países que figuram no livro:

Estados Unidos
Paquistão
Japão
Índia
Alemanha
Austrália
Médio Oriente
China
África do Sul
Brasil
México
Reino Unido
Canadá
Itália
Espanha
França
Países Baixos
Suécia
Noruega
Dinamarca
Finlândia
Áustria
Suíça

Bélgica
Portugal
Grécia
Turquia
Israel
Arábia Saudita
EMIRADOS ÁRABES UNIDOS
Egito
Marrocos
Quénia
Nigéria
Gana
Coreia do Sul
Tailândia
Malásia
Indonésia
Filipinas

Estudos de custos de energia solar fotovoltaica

A etiqueta de preço do sol: Equilíbrio entre custos e sonhos na dança da energia solar

Verso 1: O longo jogo da manutenção solar

Walker e companhia, no seu estudo de 2020, recordam-nos que os painéis solares, como qualquer bem precioso, precisam de cuidados carinhosos. Não se trata apenas do custo inicial de instalação; trata-se da lenta dança da manutenção ao longo dos anos. Os investigadores mapearam meticulosamente os factores em jogo - o tamanho do seu sistema, os caprichos do clima, até mesmo o local onde vive. É como um horóscopo financeiro para os seus painéis solares, ajudando-o a prever as despesas futuras e a fazer escolhas inteligentes.

Verso 2: A bola de cristal do custo solar

Entretanto, Ramasamy e a sua equipa, no seu relatório de 2022, dão-nos uma panorâmica do mercado da energia solar nos EUA. É uma montanha-russa de preços em queda, graças aos saltos tecnológicos e à enorme escala da adoção da energia solar. Mas há uma reviravolta - introduzem a ideia de um "Preço Mínimo Sustentável", um ponto de equilíbrio delicado em que os sonhos da energia solar se encontram com a dura realidade das margens de lucro.

O Coro: Uma sinfonia de luz solar e cêntimos

Estes dois estudos formam um dueto harmonioso. Um centra-se no ritmo longo e constante da manutenção, o outro capta a melodia dinâmica dos preços de mercado. Juntos, dão uma imagem completa da vertente financeira da energia solar. Não se trata apenas de procurar o preço mais baixo; trata-se de compreender o custo total da propriedade, as despesas ocultas que se escondem nas sombras. Trata-se de encontrar o ponto ideal onde os sonhos de energia limpa e as realidades financeiras se entrelaçam.

O Encore: Um futuro movido a energia solar

O futuro da energia solar não se resume a watts e quilowatts, mas sim a uma combinação de inovação e políticas inteligentes. Trata-se de adotar o armazenamento de energia, como uma bateria de reserva para os dias nublados. Trata-se de promover um ambiente em que a energia solar não é apenas uma opção amiga do ambiente, mas uma escolha financeiramente sólida para todos.

A vénia final: uma dança a que todos podemos aderir

No grande espetáculo da energia solar, há muitos intervenientes - investigadores, decisores políticos, investidores e pessoas comuns como você e eu. Estes estudos fornecem-nos o conhecimento, as ferramentas, a partitura para tomarmos decisões informadas. Por isso, vamos entrar na pista de dança, abraçar a energia do sol e criar um futuro sustentável onde tanto as nossas carteiras como o planeta possam prosperar.

A dança dos dólares e da luz do sol desenrola-se num ballet complexo ao longo destes estudos. Walker et al. (2020) disseca meticulosamente os detalhes da manutenção fotovoltaica, criando um modelo que prevê o ritmo dos custos de manutenção como um metrónomo. É uma bola de cristal financeira, que nos guia através do tango de longo prazo da propriedade solar.

Ramasamy et al. (2022) oferece um instantâneo no tempo, capturando o delicado equilíbrio entre custo e sustentabilidade no mercado solar dos EUA. O Preço Mínimo Sustentável surge como uma estrela guia, iluminando o caminho para uma indústria solar rentável e duradoura. É um lembrete de que, embora o preço do sol esteja a baixar, continua a ser um jogo de alto risco.

Finalmente, Timilsina et al. (2011) pintam uma tela mais ampla, explorando a paisagem solar global em todos os seus tons vibrantes. A política torna-se a pincelada que molda o cenário, com incentivos e regulamentos que promovem o crescimento ou lançam sombras de dúvida. É um lembrete de que a viagem solar não é apenas uma questão de tecnologia, mas também de decisões humanas que a orientam.

Na grande sinfonia da energia solar, estes estudos oferecem diferentes movimentos, cada um com a sua melodia única. No entanto, harmonizam-se na sua visão partilhada de um futuro em que a energia limpa não é apenas um sonho, mas uma realidade. A dança dos dólares e da luz do sol continua e, a cada passo, aproximamo-nos de um amanhã mais brilhante e mais sustentável.

A etiqueta de preço do Sol: Uma tapeçaria de conhecimentos solares

1. Os pormenores da manutenção solar

Walker e colegas (2020) fornecem-nos uma caixa de ferramentas para calcular o custo de manter as luzes solares acesas. Acontece que conhecer estes custos à partida é fundamental para garantir que a energia solar faz sentido do ponto de vista financeiro a longo prazo. Os investigadores mergulharam a fundo nos dados, recolhendo informações de instalações solares grandes e pequenas, para criar um modelo que qualquer pessoa pode utilizar. Principal conclusão: O tamanho do seu sistema, o local onde vive e até o clima têm um papel importante no custo de manutenção dos painéis solares.

2. A bola de cristal do custo solar

Ramasamy e a sua equipa (2022) dão-nos uma visão geral do custo dos painéis solares e das baterias nos EUA, até ao pormenor de cada peça. Até introduzem a ideia de um "Preço Mínimo Sustentável", basicamente o preço mais baixo a que um sistema solar pode ser vendido sem que toda a gente vá à falência. Acontece que a tecnologia continua a fazer baixar esses preços, mas ainda precisamos de alguma ajuda do governo para garantir que a energia solar veio para ficar.

3. A história de sucesso da energia solar

Timilsina, Kurdgelashvili e Narbel (2011) levam-nos numa viagem pelo mundo em expansão da energia solar. É uma história de cientistas inteligentes, governos apoiantes e custos em queda livre. Mas também nos recordam que a energia solar ainda não é a mais barata do mundo. Ainda há um fosso a colmatar antes de poder competir verdadeiramente com os combustíveis fósseis.

4. Como dividir a fatura solar

A Agência Internacional para as Energias Renováveis (IRENA) (2012) dá-nos uma lupa para examinar cada cêntimo que entra num sistema solar. Estamos a falar de hardware, instalação e até da papelada. Estes custos têm vindo a diminuir drasticamente ao longo dos anos, graças a uma tecnologia mais inteligente e a um maior número de empresas que se lançaram no sector da energia solar.

5. A digressão mundial do preço solar

Bazilian e a sua equipa (2013) levam-nos numa viagem à volta do mundo, comparando os custos da energia solar em diferentes países. É como uma caça ao tesouro dos preços da energia solar, em que tudo, desde os salários locais às regras governamentais, afecta a fatura final. Destacam os países que decifraram o código da energia solar acessível, oferecendo inspiração para o resto de nós.

Em poucas palavras...

O custo do aproveitamento da energia do sol é uma dança complexa de factores. Mas uma coisa é certa: a energia solar está a crescer, impulsionada pela inovação, por políticas inteligentes e pela promessa de um futuro mais limpo.

Economia global da energia solar

Do Sol Nascente à Potência Nascente: A Global Solar Saga

Japão: Virar a maré depois de Fukushima

Na sequência do desastre de Fukushima, o Japão embarcou numa busca de segurança energética e sustentabilidade, com a energia solar a brilhar na vanguarda. O estudo de 2014 de Komiyama e Fujii traça o retrato de uma nação que aproveita o poder do sol para forjar uma nova paisagem energética.

Os investigadores dissecam meticulosamente os aspectos económicos da energia solar, revelando que, embora o investimento inicial seja elevado, os custos operacionais e de manutenção a longo prazo são apenas um sussurro. As políticas e subsídios governamentais actuaram como um catalisador, impulsionando a energia solar para a arena competitiva ao lado das fontes de energia tradicionais.

Komiyama e Fujii prevêem um futuro em que a energia solar, entrelaçada com outras energias renováveis como a eólica e a hídrica, forma um ecossistema energético robusto e resistente. O seu estudo sublinha a importância da inovação incessante e do investimento em investigação e desenvolvimento para garantir que a energia solar continue a ser um farol brilhante no futuro energético do Japão.

Estados Unidos: A ascensão económica da energia solar

Do outro lado do Pacífico, o estudo de 2008 de Borenstein capta a revolução solar que se está a desenrolar nos Estados Unidos. Os saltos tecnológicos e as economias de escala reduziram o custo dos painéis solares, tornando-os acessíveis tanto às famílias como às empresas.

O estudo desvenda meticulosamente a intrincada dança entre a dinâmica dos custos, as tendências do mercado e as políticas governamentais. Borenstein defende o papel das políticas federais e estaduais na promoção do crescimento da indústria solar, enfatizando a sua importância na promoção de um futuro energético sustentável.

O estudo de Borenstein revela o potencial transformador da energia solar. O estudo traça um quadro de uma nação onde a energia solar não é apenas uma fonte de energia, mas um motor económico, impulsionando a criação de emprego e promovendo a inovação. Prevê também um futuro em que a energia solar, associada a sistemas de armazenamento de energia, proporciona um fornecimento de energia fiável e eficiente.

Ligar o Pacífico: Uma visão solar partilhada

Estes estudos, separados por um oceano e por alguns anos, reflectem uma visão partilhada de um futuro movido a energia solar. Iluminam a viabilidade económica da energia solar, o seu papel no reforço da segurança energética e o seu potencial para impulsionar o crescimento económico e a inovação.

Recordam-nos que o poder do sol não é apenas uma fonte de energia; é um catalisador para a mudança, um farol de esperança e um testemunho do engenho humano. À medida que continuamos a explorar as fronteiras da energia solar, estes estudos servem como uma luz orientadora, iluminando o caminho para um futuro mais brilhante e mais sustentável.

Sinfonia Solar da Alemanha: Uma história de sucesso com energia solar

Imagine uma terra onde os telhados brilham com painéis solares, como um milhão de pequenos espelhos que reflectem um futuro mais brilhante. É a Alemanha, um país que abraçou a energia solar de braços abertos, e o estudo Wirth do Instituto Fraunhofer para Sistemas de Energia Solar ISE revela os resultados harmoniosos.

O sol brilha mais forte, os custos desaparecem

Lembra-se de quando a energia solar era um luxo? Já não é! O custo dos painéis solares desceu mais depressa do que uma montanha russa, tornando-os numa opção acessível para todos, desde proprietários de casas a empresas. É como se o sol decidisse fazer-nos um desconto e a Alemanha fosse suficientemente inteligente para tirar partido disso.

Empregos florescem, fluxos de energia

Esqueça as minas de carvão; a indústria solar alemã é um foco de emprego, criando postos de trabalho mais rapidamente do que se pode dizer "fotovoltaico". A economia está a prosperar e o país está menos dependente dos inconstantes combustíveis fósseis. É uma situação vantajosa para todos, em que a independência energética e a prosperidade económica dançam de mãos dadas.

Tecnologia: O super-herói solar

Os painéis solares não estão apenas a ficar mais baratos, estão também a ficar mais inteligentes. Novos materiais e técnicas de fabrico são como superpoderes para estas maravilhas da recolha de energia. É como ter uma equipa de super-heróis com conhecimentos técnicos a trabalhar incansavelmente para tornar a energia solar ainda mais eficiente e fiável.

Governo: A luz que guia

O governo alemão merece ser aplaudido de pé pelo seu papel nesta história de sucesso da energia solar. Implementou políticas e incentivos que tornam a energia solar tão atractiva como umas férias de sol na praia. É como um empurrãozinho suave, que encoraja toda a gente a juntar-se à revolução solar.

O futuro: Uma sinfonia de inovação

Mas esperem, há mais! O estudo revela possibilidades interessantes para o futuro. As redes inteligentes, as soluções de armazenamento de energia e os sistemas de energia descentralizados são como os próximos movimentos desta sinfonia solar. É a visão de um mundo onde a energia é limpa, fiável e acessível a todos.

Sinfonia solar alemã: Uma obra-prima

O percurso da Alemanha no domínio da energia solar é uma obra-prima, um testemunho do que é possível fazer quando a inovação, a política e a tecnologia se harmonizam. É uma fonte de inspiração para o mundo, um lembrete de que um futuro mais brilhante e mais sustentável está ao nosso alcance.

Por isso, que o sol brilhe e que a sinfonia solar alemã continue a tocar!

A ascensão do sol na Índia: Uma história de custos e benefícios

No coração da Índia, onde o sol brilha intensamente, está a formar-se uma revolução. Chandel e os seus companheiros (2015) embarcaram numa missão para compreender a dança entre o custo e o benefício no domínio da energia solar. Viram o vasto potencial, como uma arca do tesouro à espera de ser aberta, e sabiam que o destino da Índia estava entrelaçado com os raios de sol.

Descobriram que a viabilidade económica dos projectos solares não é um mito, mas uma realidade, especialmente quando alimentada por incentivos financeiros. A mão do governo, como uma brisa suave, pode guiar os navios solares em direção a um futuro mais brilhante. E à medida que o sol brilha, não só ilumina as casas como também os corações, criando empregos e dando poder às comunidades.

No entanto, o caminho para um paraíso movido a energia solar não está isento de espinhos. Os custos iniciais elevados, como montanhas altas, podem ser assustadores e a falta de conhecimento, como um nevoeiro denso, pode obscurecer o caminho. Mas com coragem e inovação, estes desafios podem ser ultrapassados. Os autores imaginaram um futuro em que os sistemas solares híbridos, como criaturas míticas, combinam os pontos fortes das tecnologias fotovoltaicas e térmicas, e em que os novos modelos de financiamento, como caminhos escondidos, conduzem a uma terra de energia solar abundante.

Sob o sol: A saga solar da Austrália

No país dos cangurus e coalas, Parkinson (2012) debruçou-se sobre a economia da energia solar. Observou o declínio dramático do custo dos sistemas solares fotovoltaicos, como uma chuva de meteoros a iluminar o céu noturno. O custo nivelado da eletricidade, outrora uma barreira formidável, tornou-se um trampolim para um futuro sustentável.

A análise de Parkinson pintou um quadro de um mundo onde a energia do sol não é apenas um sonho, mas uma realidade prática. As políticas governamentais, como uma bússola orientadora, podem navegar os navios solares através das águas turbulentas da dinâmica do mercado e das incertezas regulamentares. E à medida que a indústria solar cresce, não só limpa o ar como também fortalece a economia.

Mas a viagem ainda não terminou. O sector da energia solar enfrenta desafios, como os recifes traiçoeiros no oceano, e tem de se adaptar a uma paisagem em mudança. A integração da energia solar com sistemas de armazenamento de energia, como uma aliança poderosa, pode trazer estabilidade à rede, e novos modelos de negócio, como ilhas por descobrir, podem expandir o alcance da energia solar. A visão de Parkinson é a de um mundo onde a energia solar brilha intensamente, não apenas no céu, mas em todos os cantos da sociedade.

Economia solar além fronteiras

O oásis solar do Médio Oriente

No coração do Médio Oriente, rico em petróleo, está a desenrolar-se uma revolução silenciosa. É uma revolução alimentada não por combustíveis fósseis, mas pelo sol implacável do deserto. O potencial económico deste oásis solar é inegável, com poupanças de custos e benefícios ambientais que pintam um futuro brilhante. É uma viagem de uma terra de poços de petróleo para uma terra de painéis solares, onde a tecnologia e as políticas inteligentes se unem para criar um futuro sustentável. Embora existam desafios, a promessa da energia solar é um farol no deserto, orientando o Médio Oriente para um futuro energético mais limpo e mais verde.

O Dragão Solar da China

A China, o dragão que desperta no Oriente, adoptou a energia solar com um entusiasmo sem igual. As vantagens económicas e ambientais desta revolução energética verde são inegáveis. É uma história de custos decrescentes, eficiência crescente e um governo empenhado num caminho sustentável. Das cidades movimentadas às aldeias remotas, os painéis solares estão a tornar-se uma visão omnipresente, simbolizando a determinação da China em liderar o mundo nas energias renováveis. A viagem não está isenta de obstáculos, mas a ambição solar do dragão é imparável, iluminando o caminho para um futuro mais brilhante e mais limpo para a China e para o mundo.

África do Sul: Sol, empregos e um futuro verde

Imagine uma África do Sul onde o sol incansável não é apenas uma fonte de calor, mas também uma fonte de prosperidade económica. Os painéis solares, como girassóis dourados, pontilham a paisagem, absorvendo os raios e transformando-os numa fonte de energia vibrante e sustentável. Não se trata apenas de salvar o planeta, mas também de criar empregos, respirar ar mais puro e construir um futuro em que a independência energética brilhe tanto como o sol africano. A indústria solar é uma colmeia movimentada de atividade, com trabalhadores qualificados a instalarem painéis, engenheiros a ultrapassarem os limites da tecnologia e investigadores a sonharem com novas formas de aproveitar a energia ilimitada do sol. Das aldeias rurais às cidades movimentadas, a energia solar está a tecer o seu caminho no tecido da vida sul-africana, alimentando casas, empresas e sonhos de um amanhã mais brilhante.

México: Uma festa movida a energia solar

O México, um país de cores vibrantes e tradições ricas, está a abraçar a energia solar com a mesma paixão com que celebra as suas festas. Imagine uma festa de energia limpa, onde os painéis solares adornam os telhados como decorações festivas, transformando a luz do sol num coro de oportunidades económicas. É uma situação em que todos ganham, em que a redução das emissões de carbono anda de mãos dadas com a dinamização da economia e a melhoria de vida. Em aldeias remotas, os painéis solares são como faróis de esperança, levando eletricidade a casas que nunca conheceram o seu brilho.

As crianças podem estudar sob luzes eléctricas, as famílias podem ter acesso a cuidados de saúde e as comunidades podem prosperar. Nas cidades, a energia solar está a alimentar as empresas, a criar empregos e a limpar o ar. A revolução solar do México é um testemunho do poder da inovação, onde a tecnologia e a tradição dançam juntas para criar um futuro tão brilhante como o sol mexicano.

A promessa de ouro da luz solar: um olhar mais atento sobre a energia solar no Brasil de Oliveira & Fernandes (2012) pintam um quadro vibrante do potencial solar do Brasil, não apenas como fonte de energia, mas como um fator de mudança económica e ambiental. Pense nisso como o aproveitamento dos raios dourados do sol para iluminar um caminho em direção a um futuro mais brilhante.

À primeira vista, o custo inicial dos painéis solares pode parecer um obstáculo. Mas a meticulosa análise custo-benefício dos autores revela uma recompensa a longo prazo que é difícil de ignorar. É como plantar uma árvore de dinheiro: o investimento inicial pode ser substancial, mas a colheita da redução da fatura energética e dos benefícios ambientais é abundante.

As implicações ambientais são igualmente convincentes. O Brasil, uma nação conhecida por suas exuberantes florestas tropicais, pode aumentar seu compromisso com a sustentabilidade adotando a energia solar. É como trocar uma dieta energética pesada em carbono por uma limpa e verde.

Os autores não se ficam pela análise; oferecem um roteiro para a ação. Subsídios, reduções fiscais e campanhas de sensibilização do público fazem parte do conjunto de ferramentas para ultrapassar a barreira do custo inicial e tornar a energia solar um nome familiar.

Mas é aqui que o estudo brilha verdadeiramente: não se trata apenas do básico. Trata-se de ideias inovadoras que ultrapassam os limites do que é possível. Imagine painéis solares a trabalhar em harmonia com redes inteligentes, como uma orquestra bem conduzida, para otimizar a utilização da energia. Ou imagine sistemas híbridos que combinam a energia solar com outras energias renováveis, criando uma sinfonia de energia sustentável.

Os projectos solares comunitários, em que os vizinhos partilham os benefícios de uma única instalação, oferecem um vislumbre de um futuro energético mais inclusivo. E a promessa de avanços tecnológicos, como as células solares supereficientes, aponta para um futuro em que a energia solar será ainda mais económica e acessível.

Em essência, de Oliveira & Fernandes (2012) oferecem mais do que apenas um estudo; eles fornecem uma visão. Uma visão de um Brasil onde o sol não é apenas uma fonte de calor, mas uma fonte de prosperidade, sustentabilidade e um amanhã mais brilhante. É uma visão que vale a pena perseguir, um raio de sol de cada vez.

Estudos de custo-benefício da energia solar

Solar's Sunny Side Up: Um conto de duas nações

Imagine um mundo onde o sol não é apenas uma fonte de calor e luz, mas também uma fonte de energia limpa e económica. É esse o futuro que tanto o Reino Unido como o Canadá estão a imaginar, ao aproveitarem o poder dos painéis solares para iluminar as suas casas, empresas e sonhos.

REINO UNIDO: De céus nublados a horizontes brilhantes

O Reino Unido, outrora conhecido pelo seu tempo cinzento e chuvoso, está a provar que a energia solar não é apenas para climas ensolarados. Graças aos avanços tecnológicos e ao apoio do governo, o custo dos painéis solares baixou, tornando-os uma opção cada vez mais atractiva para os britânicos.

É um pouco como uma fénix que renasce das cinzas. A indústria solar do Reino Unido ultrapassou o ceticismo e os custos elevados, transformando-se num sector vibrante que cria emprego, reduz as emissões e alimenta as casas. É um testemunho do engenho humano e da busca incessante de um futuro mais limpo e mais brilhante.

Canadá: Um país de oportunidades

No Canadá, a energia solar é como um tesouro escondido, à espera de ser descoberto. A vasta geografia do país e os diferentes climas apresentam desafios e oportunidades para a adoção da energia solar. Enquanto as províncias mais ensolaradas se deliciam com a abundância solar, outras estão a encontrar formas inovadoras de aproveitar até os raios mais fracos.

É uma história de resiliência e adaptação. Os investigadores e empresários canadianos estão a ultrapassar os limites da tecnologia solar, desenvolvendo novas formas de armazenar energia e de a tornar acessível a todos. É uma jornada rumo à independência energética e a um futuro sustentável para o Grande Norte Branco.

O fio condutor: Um amanhã mais brilhante

Tanto o Reino Unido como o Canadá partilham uma visão comum: um futuro em que a energia solar desempenha um papel vital no seu cabaz energético. É um futuro em que as casas são alimentadas pelo sol, as empresas prosperam com energia limpa e o ambiente é protegido.

É uma história de esperança e determinação. Governos, empresas e indivíduos estão a trabalhar em conjunto para construir um mundo onde a energia solar não seja apenas um sonho, mas uma realidade. É um testemunho do poder da colaboração e da aspiração comum a um futuro sustentável e próspero.

A saga da energia solar em Espanha, tal como é contada por del Río e Mir-Artigues no seu artigo de 2014, é uma história de ambição e de erros. Imagine-se uma paisagem banhada pelo sol, preparada para uma revolução solar. Subsídios governamentais generosos, como um raio de sol quente, acenderam o sector fotovoltaico (PV), atraindo investidores como traças para uma chama.

Mas, infelizmente, este boom solar não foi isento de sombras. O aumento das instalações, semelhante a uma erupção solar, sobrecarregou o orçamento do Estado e criou um encargo financeiro insustentável. Os autores descrevem o impacto económico: criação de emprego e avanços tecnológicos, por um lado, e pesados encargos financeiros, por outro.

É uma história de política, não apenas de luz do sol. As tarifas de alimentação, outrora um farol de esperança, tornaram-se uma fonte de distorção do mercado e de instabilidade financeira. Del Río e Mir-Artigues, como navegadores experientes, traçam um novo rumo. Defendem políticas adaptativas, como velas que se ajustam ao vento, garantindo que a viagem solar se mantém estável e evita tempestades futuras.

Para além do horizonte imediato, vêem o potencial dos sistemas solares descentralizados, painéis no telhado que transformam as casas em mini centrais eléctricas. A rede, que já não é uma estrutura rígida, torna-se uma rede flexível, integrando a energia solar sem problemas.

A visão dos autores transcende as fronteiras, apelando à colaboração internacional e à partilha de conhecimentos. A viagem solar, argumentam, é uma viagem global. E à medida que a Espanha diversifica a sua carteira de energias renováveis, abraçando o vento e a biomassa a par da energia solar, constrói um futuro energético resiliente, como um ecossistema bem equilibrado que prospera sob o sol.

É uma história com lições para todos, um lembrete de que mesmo os sonhos mais brilhantes exigem uma navegação cuidadosa. Enquanto o mundo assiste, a viagem solar de Espanha continua, um testemunho tanto do poder da ambição como da importância da adaptabilidade.

Itália: Beijada pelo sol e alimentada por energia solar

Imaginemos a Itália, não só como a terra da pizza e da massa, mas também como um lugar onde os raios de sol dançam nos painéis solares, alimentando casas e empresas com energia limpa. O estudo de Carta e Carta (2016) retrata este futuro ensolarado, onde os projectos solares não são apenas um sonho, são uma realidade rentável.

Mas espera, há mais! Não se trata apenas de dinheiro. A energia solar em Itália é como uma lufada de ar fresco, varrendo o smog e reduzindo as incómodas emissões de gases com efeito de estufa. Trata-se de uma Itália mais limpa e mais verde para as gerações futuras. E não esqueçamos o governo, que desempenha o papel de mecenas benevolente, oferecendo incentivos e subsídios para tornar a energia solar ainda mais atractiva. É uma situação em que todos ganham.

Agora, vamos ser um pouco mais imaginativos. Imaginemos as vinhas na Toscânia, onde as fileiras de uvas se aquecem ao sol ao lado de painéis solares, criando uma mistura harmoniosa de agricultura e produção de energia. Ou imagine os telhados de Roma, adornados com painéis solares, transformando a Cidade Eterna num farol de sustentabilidade. As possibilidades são infinitas!

França: Uma revolução solar

Do outro lado da fronteira, na terra dos croissants e das baguetes, a energia solar também está a deixar a sua marca. Masson, Latour e Biancardi (2011) aprofundam os pormenores dos sistemas solares fotovoltaicos (PV) em França, revelando uma história de avanços tecnológicos e um mercado em crescimento.

Sim, o investimento inicial em sistemas fotovoltaicos pode ser um pouco chocante, como morder um bolo particularmente caro. Mas não tenha medo, pois o governo francês, com as suas tarifas de alimentação e créditos fiscais, está lá para adoçar o negócio. E, a longo prazo, as poupanças de energia e os potenciais pagamentos de alimentação à rede farão com que se sinta como se tivesse encontrado ouro.

Agora, vamos acrescentar uma pitada de inovação à mistura. Imaginemos encantadoras aldeias francesas, alimentadas pelos seus próprios sistemas solares descentralizados, independentes e resistentes. Ou imagine edifícios elegantes e modernos em Paris, com as suas fachadas adornadas com painéis solares, um testemunho de estilo e sustentabilidade. O futuro da energia solar em França é brilhante!

Em conclusão: Uma Serenata Solar

Tanto a Itália como a França estão a abraçar o poder do sol, cada uma à sua maneira. É uma história de inovação, colaboração e uma visão partilhada para um futuro mais limpo e mais verde. Por isso, vamos brindar (com energia solar, claro!) ao futuro brilhante da energia solar na Europa!

Viabilidade económica da energia solar

Os holandeses: a idade de ouro da energia solar?
A Sinfonia Solar de Van Sark: Van Sark e os seus colegas compuseram uma sinfonia solar nos Países Baixos, salientando que os painéis solares são como as tulipas - cada vez mais baratos e mais bonitos.
Rapsódia dos telhados: O estudo revela uma nação cheia de potencial, onde até os telhados mais pequenos se podem transformar em centrais de energia solar.
A mão orientadora do governo: Uma melodia harmoniosa de políticas governamentais de apoio é crucial para manter a indústria solar a prosperar.
Noruega: Banhos de sol ao sol da meia-noite
Seljom & Tomasgard's Solar Saga: Esta dupla escreveu um conto sobre a energia solar na Noruega, onde o sol da meia-noite dá uma reviravolta inesperada à história.
Nublado com uma possibilidade de sol: Mesmo com os seus invernos frios, a Noruega tem potencial para brilhar no sector da energia solar.
Subsídios acendem a chama: É necessário o apoio do Governo para acender o fogo solar e mantê-lo aceso neste país nórdico.
Finlândia: Das florestas à energia fotovoltaica
A Serenata Solar de Lund: Lund canta uma canção sobre a energia solar na Finlândia, sugerindo que é altura de diversificar a carteira energética do país para além das florestas.
Hino da Independência Energética: Os painéis solares oferecem um caminho para a segurança energética, reduzindo a dependência de combustíveis fósseis importados.
Ignição da inovação: Os avanços tecnológicos na eficiência das células solares são a chave para desbloquear o futuro solar da Finlândia.
Estes resumos dão-nos uma ideia das histórias da energia solar que se desenrolam no Norte da Europa. Desde os campos de tulipas dos Países Baixos até aos fiordes da Noruega e às florestas da Finlândia, a energia solar está pronta a escrever um novo capítulo nas suas narrativas energéticas.

Imaginemos a Suécia como um reino gelado, onde o sol brinca às escondidas a maior parte do ano. Widén e Wäckelgård, no seu artigo de 2010, atrevem-se a sonhar com a possibilidade de aproveitar esses raios de sol fugazes, transformando-os numa mina de ouro de energia renovável.

Eles mergulham no labirinto do custo-benefício da energia solar, pesando meticulosamente o elevado preço dos painéis solares contra a promessa de um futuro mais limpo e mais verde. Descobrem que, apesar do investimento inicial, a energia solar surge como um concorrente digno, especialmente a longo prazo.

A sua investigação revela um tesouro de benefícios: desde a redução das emissões de carbono, que se alinha perfeitamente com os objectivos ecológicos da Suécia, até ao aproveitamento do domínio em constante evolução da tecnologia solar que está a tornar a energia solar mais acessível e eficiente. Salientam também o papel vital do apoio governamental, que actua como o vento que sustenta a indústria solar.

Mas o documento não se fica pelo óbvio. Mergulha mais fundo, desenterrando jóias escondidas: a dança harmoniosa de painéis solares e redes inteligentes, criando uma sinfonia de eficiência energética. Os autores imaginam sistemas de energia híbridos, em que a energia solar se junta ao vento e à biomassa, garantindo um fluxo constante de energia renovável, mesmo quando o sol faz uma pausa.

Eles pintam uma imagem de um futuro em que as soluções de armazenamento de energia, como as baterias, se tornam a norma, capturando o excesso de luz solar para iluminar as horas mais escuras. Imaginam projectos solares comunitários, em que os vizinhos partilham a dádiva da energia solar, e incentivos económicos inovadores que tornam a energia solar irresistível.

Na sua essência, o trabalho de Widén e Wäckelgård é um apelo para que a Suécia abrace o sol, não apenas como uma fonte de calor, mas como um farol de um futuro sustentável. É um testemunho do engenho humano, lembrando-nos que, mesmo nos cantos mais gelados do mundo, podemos encontrar formas de aproveitar o poder da natureza.

A história da energia solar fotovoltaica dinamarquesa: Um olhar sobre o futuro
Principais conclusões:

O percurso da Dinamarca no domínio da energia solar é uma questão de equilíbrio entre custos e potencialidades. É como pesar o preço de um novo aparelho e o quanto ele vai melhorar a nossa vida.
A tecnologia, o apoio governamental e as forças de mercado são os principais actores. Imagine-os como as engrenagens que fazem funcionar a máquina solar.
Embora ainda não seja totalmente competitiva em relação à energia tradicional, a energia solar fotovoltaica é a promessa de um futuro mais brilhante e mais verde. É como uma semente que precisa de ser cuidada para crescer e se tornar numa árvore poderosa.
Perspectivas inovadoras:

Saltos tecnológicos: Imagine as células solares a tornarem-se mais eficientes, como se estivesse a atualizar o seu telemóvel para obter um melhor desempenho. Além disso, imagine soluções de armazenamento de energia que tornam a energia solar mais fiável, como uma bateria de reserva para os seus aparelhos.
O papel do governo: Pense nas políticas como a luz do sol que alimenta a planta solar. Os subsídios e incentivos actuam como fertilizante, enquanto o financiamento da investigação fornece a água necessária para o crescimento.
Magia do mercado: O mercado global de energia solar é como um mercado movimentado, onde a concorrência gera inovação e preços mais baixos. A participação da Dinamarca pode ser comparada à adesão a este mercado vibrante, apresentando os seus próprios produtos solares.
Impacto ecológico: Imagine os painéis solares como pulmões para o planeta, limpando o ar e reduzindo a nossa dependência dos combustíveis fósseis. Esta é a contribuição da Dinamarca para um mundo mais saudável.
Perspectivas brilhantes: Com inovação e apoio contínuos, a energia solar fotovoltaica pode tornar-se uma pedra angular do panorama energético da Dinamarca. É como acrescentar um novo ingrediente renovável à receita energética.
Na sua essência, a história da energia solar fotovoltaica na Dinamarca é uma história de esperança e potencial. É um conto de avanços tecnológicos, apoio governamental e um mercado global que se juntam para pintar um futuro mais brilhante para o país e para o planeta. Tal como um artista em início de carreira precisa das ferramentas e do incentivo certos, o mesmo acontece com a energia solar fotovoltaica. E com a combinação certa, pode criar uma obra-prima de energia sustentável.

No coração da Finlândia, onde a luz do sol é um bem precioso, a energia solar brilha como um farol de esperança económica. De acordo com um estudo efectuado por Lund (2006), a energia solar não se trata apenas de energia limpa - trata-se de tecer um fio dourado no tecido da economia finlandesa.

É como plantar uma árvore de dinheiro, mas em vez de folhas, brotam painéis solares. O investimento inicial pode parecer elevado, como comprar as ferramentas de jardinagem mais sofisticadas, mas a colheita a longo prazo é abundante. A redução das facturas de energia é o fruto mais fácil, enquanto a venda do excesso de energia à rede é como ter uma lucrativa banca no mercado dos agricultores.

Este pomar alimentado pelo sol também cria postos de trabalho, não só para os instaladores de plantas, mas para todo um ecossistema de fabricantes, investigadores e vendedores. É uma situação em que todos ganham - impulsiona a economia e reduz a dependência de combustíveis fósseis importados. É como fazer uma deliciosa tarte com ingredientes locais, garantindo a segurança energética e um preço estável.

É claro que todos os jardins têm as suas ervas daninhas. O elevado custo inicial pode ser uma questão espinhosa, mas os incentivos governamentais actuam como um fertilizante suave, encorajando o crescimento. Educar o público sobre os benefícios a longo prazo é como plantar sementes de conhecimento, fomentando uma paisagem solar próspera.

A integração da energia solar na rede requer algumas alterações na cablagem, tal como a transformação de um barracão de jardim numa estufa. As redes inteligentes e o armazenamento de energia funcionam como controlo climático, garantindo um fornecimento constante mesmo quando o sol faz uma pausa.

O clima da Finlândia coloca os seus próprios desafios, tal como um jardineiro caprichoso. Os longos e escuros Invernos podem diminuir a produção solar, mas o armazenamento de energia e as tecnologias inovadoras actuam como uma lâmpada solar, garantindo uma colheita durante todo o ano.

Em conclusão, a energia solar não é apenas uma escolha ambiental - é um catalisador económico. Trata-se de alimentar uma indústria vibrante, promover a inovação e colher os frutos de um futuro sustentável. Trata-se de transformar a Finlândia numa potência solar, onde a economia floresce mais brilhante do que nunca.

Economia da energia solar na Europa

Na Suíça, o estudo de Haller e Frank, de 2010, sobre a economia da energia solar, traça um quadro de um caminho iluminado pelo sol em direção à sustentabilidade. O estudo descasca as camadas de custos e benefícios, revelando como as políticas governamentais actuam como uma brisa suave que impulsiona a adoção da energia solar. A mensagem é clara: adoptem políticas de apoio e vejam como os painéis solares florescem nos telhados, transformando-os em centrais eléctricas em miniatura.

Entretanto, no Portugal ensolarado, a análise de Fragoso e Marques de 2015 lança uma luz quente sobre as perspectivas económicas da energia solar. O seu trabalho é um roteiro pormenorizado, que permite navegar pelos custos e benefícios, pelo terreno do mercado e pelas repercussões económicas de longo alcance da energia solar. O sol abundante e o panorama político de Portugal criam um terreno fértil para o florescimento de projectos solares, abrindo caminho para um futuro em que a energia limpa e o crescimento económico andam de mãos dadas.

Ambos os estudos contam uma história de promessas e possibilidades. Numa altura em que o mundo se debate com os desafios das alterações climáticas, a energia solar surge como um farol de esperança. Dos Alpes suíços à costa portuguesa, estes resultados transmitem uma mensagem poderosa: invistam na luz solar e colham os frutos de um futuro mais brilhante e mais sustentável.

No seu estudo pioneiro de 2003, Haas e Lettner pintaram um quadro vívido do potencial da energia solar na Áustria, apresentando-a não como um sonho distante, mas como uma realidade alcançável com benefícios económicos e ambientais tangíveis.

A sua investigação revelou que, embora o investimento inicial em sistemas solares fotovoltaicos fosse substancial, era semelhante a plantar uma árvore de dinheiro que daria frutos sob a forma de poupanças de energia a longo prazo, acabando por tornar a energia solar competitiva em relação às fontes de energia tradicionais, especialmente quando alimentada por subsídios e incentivos governamentais.

Além disso, a energia solar surgiu como um campeão ambiental, reduzindo drasticamente as emissões de gases com efeito de estufa em comparação com os seus homólogos de combustíveis fósseis. Esta redução foi um passo significativo em direção aos ambiciosos objectivos da Áustria em matéria de energias renováveis, pintando um futuro mais brilhante e mais verde para a nação.

Os autores sublinharam o papel crucial das políticas governamentais nesta revolução solar, defendendo as tarifas de alimentação e os subsídios como catalisadores para desencadear a adoção generalizada da energia solar. Estes incentivos, segundo eles, tornariam os sistemas solares fotovoltaicos irresistíveis tanto para os consumidores como para os investidores, promovendo um mercado próspero.

O estudo de Haas e Lettner tem implicações no mundo real. As suas conclusões, que realçam o fascínio económico e ambiental da energia solar, poderiam inspirar um aumento da adoção da energia solar entre as famílias e as empresas. Os incentivos governamentais poderiam alimentar ainda mais esta onda verde, conduzindo a um panorama energético mais sustentável na Áustria.

Além disso, esta investigação serve de orientação para os decisores políticos, iluminando um caminho para políticas eficazes de energias renováveis. Fornece um modelo para adaptar as tarifas de alimentação e os subsídios para maximizar as recompensas económicas e ambientais da energia solar.

Por último, o estudo sublinha o papel fundamental da energia solar no combate às alterações climáticas. Ao adotar a energia solar, a Áustria poderá reduzir significativamente a sua pegada de carbono, dando um passo decisivo para um futuro mais limpo e sustentável.

A análise de custo-benefício da Haas e da Lettner destaca os benefícios multifacetados da energia solar na Áustria. É um testemunho do potencial transformador das energias renováveis, um farol que orienta a Áustria e, de facto, o mundo, para um amanhã mais brilhante e mais verde.

A aventura solar fotovoltaica belga de Quoilin & Orosz: Os altos, os baixos e o futuro brilhante

Quoilin e Orosz (2011) levam-nos a um mergulho profundo no mundo da energia solar fotovoltaica na Bélgica. Pense nisto como uma história de detectives financeiros, em que as pistas são os custos de instalação, os rendimentos energéticos e as políticas governamentais. A sua missão? Descobrir se a energia solar fotovoltaica é um investimento inteligente na Bélgica.

O enredo complica-se: Principais descobertas

A etiqueta de preço: A instalação de energia solar fotovoltaica na Bélgica não é barata. Pense nisso como comprar um carro de luxo - está a fazer um investimento substancial à partida. Isto deve-se em parte às peças importadas e aos custos de mão de obra.

Sunny Side Up: A Bélgica pode não ser o Saara, mas tem sol suficiente para que a energia solar valha a pena. O estudo mostra que os painéis solares na Bélgica podem gerar uma quantidade razoável de eletricidade.

O jogo a longo prazo: Embora o custo inicial seja elevado, a energia solar fotovoltaica compensa a longo prazo. Imagine como se estivesse a plantar uma árvore de dinheiro - demora alguns anos a amadurecer (cerca de 10-12), mas assim que amadurece, está a colher poupanças durante décadas.

O governo em socorro: O governo belga oferece incentivos como subsídios e reduções fiscais, tornando a energia solar fotovoltaica mais acessível. É como ter um amigo generoso a contribuir para os seus painéis solares.

Estatuto de Eco-Warrior: A energia solar fotovoltaica ajuda a combater as alterações climáticas, reduzindo as emissões de gases com efeito de estufa. É como dar um grande abraço ao planeta.

Mais fundo: A história por detrás dos números

Enigma dos custos: Os elevados custos de instalação devem-se em parte à importação de painéis solares e às despesas de mão de obra. Quoilin e Orosz sugerem que o fabrico local e a instalação simplificada poderiam baixar o preço.

Matemática da luz solar: O potencial solar da Bélgica é decente, embora não seja tão solarengo como no sul da Europa. O estudo analisa a quantidade de energia que os painéis solares produzem nas diferentes regiões.

O dinheiro fala: A análise financeira mostra que a energia solar fotovoltaica é um investimento a longo prazo. O período de retorno do investimento é razoável e os painéis podem durar mais de 25 anos.

Os incentivos são importantes: O apoio governamental é um fator de mudança, tornando a energia solar fotovoltaica mais acessível aos belgas.

O verde é o novo preto: A energia solar fotovoltaica é uma vitória para o ambiente, ajudando a Bélgica a atingir os seus objectivos em matéria de energias renováveis.

O Efeito de Ondulação: Impacto no mundo real

Esta investigação não é apenas académica - tem consequências no mundo real:

Poder das políticas: O estudo ajuda os decisores políticos a criar incentivos eficazes para impulsionar a adoção da energia solar.
Conhecimento do consumidor: permite que os belgas tomem decisões informadas sobre a energia solar fotovoltaica.
Expansão da indústria: O fabrico local e a instalação eficiente podem criar postos de trabalho e impulsionar a economia.
Um futuro amigo do planeta: A energia solar fotovoltaica é uma ferramenta fundamental na luta da Bélgica contra as alterações climáticas.
Em conclusão: Um futuro alimentado por energia solar

Quoilin e Orosz traçam um quadro da energia solar fotovoltaica na Bélgica - é um investimento com recompensas financeiras e ambientais. Embora o custo inicial seja um obstáculo, os benefícios a longo prazo são claros. Com o apoio do governo e políticas inteligentes, a Bélgica pode abraçar um futuro mais brilhante, alimentado por energia solar.

Um futuro solar: Desbloquear o potencial solar da Grécia

Imaginem isto: uma paisagem grega banhada pelo sol, onde os telhados brilham com painéis fotovoltaicos, convertendo silenciosamente a luz solar em energia limpa. Zafirakis e Kavadias (2011) pintam este quadro com a sua análise custo-benefício da energia solar na Grécia, uma viagem que explora não só os aspectos económicos, mas também a promessa ambiental e social de um futuro movido a energia solar.

O fio de ouro: Viabilidade económica

O estudo desvenda a trama económica da energia solar. Sim, os custos iniciais são elevados, como uma subida íngreme de uma montanha. Mas a vista do cimo? De cortar a respiração. Os baixos custos operacionais e a espiral descendente dos preços da tecnologia solar transformam esses investimentos iniciais numa bonança de lucros a longo prazo. É como plantar uma árvore que dá frutos dourados ano após ano.
O abraço verde: Benefícios ambientais

A Grécia, terra de mitos e beleza, enfrenta atualmente o desafio da poluição. A energia solar chega como uma brisa purificadora, reduzindo as emissões de gases com efeito de estufa e os poluentes atmosféricos. Não se trata apenas de cumprir os acordos internacionais; trata-se de preservar a beleza intocada da Grécia para as gerações vindouras.

O Sol Soberano: Independência energética

Acabou-se a dependência dos caprichos dos mercados energéticos mundiais. A energia solar permite à Grécia desfrutar da sua própria independência energética, um escudo contra as marés voláteis dos preços dos combustíveis fósseis. É uma declaração de autossuficiência, um passo em direção a um futuro mais seguro.

O Dínamo do Emprego: Oportunidades de emprego

À medida que os painéis solares se espalham pela paisagem, surgem também novos postos de trabalho. Desde o fabrico à instalação, a indústria solar torna-se um motor económico vibrante, criando oportunidades para trabalhadores qualificados e não qualificados. É um raio de esperança numa época de incerteza económica.

A bússola política: Traçar o rumo

Zafirakis e Kavadias não se limitam a analisar; orientam. As suas recomendações políticas são como uma bússola, apontando a Grécia para um futuro solar mais brilhante. Subsídios, reduções fiscais, regulamentação simplificada - estas são as ferramentas para libertar todo o potencial da energia solar.

Para além do horizonte: Implicações no mundo real

O impacto deste estudo repercute-se muito para além das fronteiras da Grécia. É um farol para qualquer nação que procure um caminho energético sustentável. É um testemunho do poder transformador da energia solar, oferecendo um caminho para o crescimento económico, a gestão ambiental e a segurança energética.

A conclusão iluminada pelo sol: Um amanhã mais brilhante

Zafirakis e Kavadias iluminaram o caminho. A Grécia, banhada por uma luz solar abundante, tem a oportunidade de se tornar um líder solar. Ao adotar a energia solar, não só assegura o seu próprio futuro como contribui para uma mudança global em direção a um mundo mais limpo e mais sustentável. O sol, símbolo da vida e do poder, chama a Grécia para um amanhã mais brilhante. É altura de responder ao apelo.

Toques criativos adicionais:

Metáforas e imagens para dar vida à investigação
Elementos narrativos para envolver o leitor
Linguagem evocativa para transmitir o entusiasmo e o potencial da energia solar
Um sentimento de esperança e de otimismo em relação ao futuro

Economia solar: MENA

1. Perspectivas optimistas da Turquia em relação à energia solar 🌣
Yilmaz e Uslu (2012) traçam um futuro brilhante para a energia solar na Turquia. Com uma luz solar abundante e a descida dos custos dos painéis solares, é uma combinação perfeita. O apoio do Governo actua como um catalisador, tornando a energia solar um investimento cada vez mais atrativo. É uma situação em que todos ganham: a Turquia reduz a sua dependência dos combustíveis fósseis e adopta um futuro energético mais limpo.

2. Arábia Saudita: Onde o sol brilha na energia solar 🌣
Rehman e Al-Hadhrami (2010) revelam a oportunidade de ouro que a energia solar representa para a Arábia Saudita. A vasta paisagem desértica do país, banhada por uma luz solar intensa, é o sonho de qualquer promotor solar. Com a energia solar agora competitiva em termos de custos, a Arábia Saudita pode diversificar a sua carteira de energia e abrir caminho para um futuro mais sustentável.

3. O boom económico do Egito graças à energia solar 🌣
El-Shimy (2009) destaca o potencial económico da energia solar no Egito. O aproveitamento do poder do sol pode reduzir os custos da eletricidade, criar emprego e atrair investimento estrangeiro. A energia solar é um farol de esperança, oferecendo um caminho para a segurança energética e a prosperidade económica.

Na sua exploração de 2008 no domínio da energia solar, David Faiman destaca os raios de sol económicos que poderão alimentar o futuro de Israel, em especial nas extensões ensolaradas do deserto do Negev.

A investigação de Faiman não se limita à análise de números; é uma história de viabilidade económica, consciência ambiental e inovação tecnológica entrelaçadas. As suas conclusões mostram que a energia solar é uma potencial potência económica, compensando os seus elevados custos iniciais com poupanças a longo prazo que brilham mais do que o nascer do sol no deserto. Os benefícios ambientais são igualmente deslumbrantes, com a energia solar a emergir como um campeão na luta contra as emissões de gases com efeito de estufa e um farol de sustentabilidade.

O estudo de Faiman não se limita a reflexões teóricas; está enraizado em exemplos do mundo real. Apresenta as histórias de sucesso de projectos solares em Israel, desde grandes quintas solares no Negev a instalações em telhados de cidades movimentadas. É um testemunho da praticabilidade e da escalabilidade da energia solar, demonstrando que não se trata apenas de um sonho futurista, mas de uma realidade atual.

Para além das fronteiras de Israel, as descobertas de Faiman têm repercussões a nível mundial. Oferecem um modelo para os países que procuram a independência energética, o crescimento económico e a proteção ambiental. A energia solar, como revela a investigação de Faiman, não se trata apenas de aproveitar o poder do sol; trata-se de iluminar um caminho para um futuro mais brilhante e mais sustentável.

Introdução e antecedentes: Uma perspetiva solarenga
O artigo de Kazim de 2007 não é apenas mais um documento de investigação árido; é um farol que ilumina o caminho para um futuro energético mais brilhante e mais limpo para os EAU. Imaginem isto: uma nação que é sinónimo de riqueza petrolífera, que volta corajosamente o seu

olhar para o reservatório de energia infinito que brilha no céu - o sol. O documento propõe-se explorar os pormenores dos sistemas solares fotovoltaicos (PV), desvendando as implicações financeiras do aproveitamento desta energia radiante.

Metodologia: Contar os cêntimos
Pense na abordagem de Kazim como um contabilista meticuloso, que analisa todos os aspectos financeiros dos sistemas fotovoltaicos. A investigação é semelhante a uma receita detalhada, em que cada ingrediente - dados sobre os custos, repartição das despesas fixas e variáveis, análise económica - é cuidadosamente medido e misturado para produzir uma compreensão abrangente da viabilidade financeira da energia solar. Kazim tem mesmo em conta diferentes cenários, tal como um chefe experiente que ajusta a receita com base nos ingredientes disponíveis ou no resultado pretendido.

Constatações e resultados: A luz do sol no balanço
A investigação revela um manancial de informações, tal como um mapa do tesouro que orienta os investidores para uma mina de ouro de energias renováveis. Acontece que o custo inicial dos sistemas fotovoltaicos é como a subida íngreme no início de uma caminhada - um pouco assustador, mas as vistas deslumbrantes no cume fazem com que valha a pena. Os custos de manutenção e de funcionamento, por outro lado, são um mero passeio no parque. O estudo também revela que a energia solar nos Emirados Árabes Unidos pode ser um sucesso financeiro, especialmente com a ajuda dos incentivos governamentais.

Discussão e implicações: O efeito de cascata
As descobertas de Kazim são como um seixo atirado para um lago, criando ondas de mudança em vários sectores. Os decisores políticos ganham uma bússola para navegar em direção a políticas de apoio, os investidores descobrem uma nova paisagem promissora e o ambiente respira de alívio à medida que a dependência dos combustíveis fósseis diminui.

Conclusão: Um futuro brilhante
O documento conclui com uma nota de esperança, pintando uma imagem de um EAU onde a energia solar não é apenas uma novidade, mas um ator-chave no cabaz energético. É um apelo à ação para que todos - desde governos a investidores e investigadores - continuem a alargar os limites das energias renováveis e a garantir um futuro sustentável para as gerações vindouras. A investigação de Kazim de 2007 é, na sua essência, um testemunho da visão dos EAU de um futuro em que as areias do deserto não só albergam ouro negro, como também reflectem os raios dourados de um amanhã mais brilhante e mais verde.

Economia solar africana

Quénia: Aproveitando a promessa do sol

O estudo de Ondraczek revela uma verdade radiante: o sol abundante do Quénia não é apenas uma fonte de calor, mas também uma fonte de oportunidades económicas. A energia solar fotovoltaica surge como um concorrente formidável no panorama energético do Quénia, a sua competitividade em termos de custos desafia o reinado das fontes de energia convencionais. Imagine as movimentadas cidades quenianas iluminadas pela energia do sol, as fábricas a fervilhar com a produção alimentada por recursos limpos e renováveis. As implicações são de grande alcance: uma nação menos dependente de combustíveis importados, a sua segurança energética reforçada. E para além dos ganhos económicos, surge um Quénia mais verde, onde o ar mais limpo e a redução das emissões de carbono tecem um futuro mais brilhante para as gerações vindouras. A investigação de Ondraczek serve de alerta: O potencial solar do Quénia é vasto, mas as políticas de apoio são cruciais para aproveitar plenamente esta oportunidade de ouro.

O Gana: Um despertar económico movido a energia solar

Kemausuor et al. traçam um retrato convincente do futuro do Gana com energia solar. O seu estudo revela como a energia solar pode tecer uma tapeçaria de benefícios económicos: poupança de custos, criação de emprego e acesso alargado à energia. Imagine as comunidades rurais do Gana, outrora envoltas em escuridão, agora a prosperar com escolas, clínicas e casas alimentadas por energia solar. Imagine uma nação liberta da volatilidade dos preços dos combustíveis importados, com a sua economia revigorada por uma fonte de energia estável e previsível. O impacto potencial é profundo: a redução dos custos da energia alimenta o crescimento económico, enquanto os novos empregos no sector da energia solar oferecem um caminho para a prosperidade. A investigação de Kemausuor et al. ilumina o poder transformador da energia solar, oferecendo ao Gana uma visão de um futuro mais brilhante e autossuficiente.

Estes estudos, embora centrados no Quénia e no Gana, têm repercussões em todo o continente africano. Eles anunciam uma nova era, em que a energia solar, outrora um sonho distante, é agora uma realidade tangível, pronta a desencadear o crescimento económico, a sustentabilidade ambiental e a melhoria da qualidade de vida de milhões de pessoas. É um testemunho do poder do engenho humano e um farol de esperança para um futuro mais brilhante e mais sustentável para todos.

A Odisseia Solar de Marrocos: Um olhar sobre o futuro

O artigo de Amrani (2011) desenrola-se como uma história cativante, em que Marrocos, banhado por uma luz solar abundante, embarca numa missão para aproveitar o poder do sol. A narrativa revela que a energia solar não é apenas um sonho, mas uma realidade tangível com desafios e imensas oportunidades.

A oportunidade de ouro

O estudo pinta uma imagem de Marrocos onde os painéis solares, como espelhos cintilantes, pontilham a paisagem, transformando a luz do sol em eletricidade. Esta mudança promete prosperidade económica, reduzindo a dependência das dispendiosas importações de combustíveis fósseis e criando um sector vibrante de energias renováveis. É como descobrir uma arca do tesouro escondida, cheia de energia limpa e potencial económico.

Ato de equilíbrio

Embora o investimento inicial seja semelhante à escalada de uma montanha íngreme, os benefícios a longo prazo são como chegar ao cume e testemunhar vistas de cortar a respiração. A redução das importações de energia, juntamente com as potenciais exportações de energia, criam a visão de um Marrocos autossuficiente, protegido da volatilidade dos mercados globais de energia. É uma dança entre custos a curto prazo e ganhos a longo prazo, em que a paciência e o planeamento estratégico são fundamentais.

Renascença Verde

Para além da economia, a energia solar provoca um renascimento verde. Uma redução significativa das emissões de carbono ajuda Marrocos a combater as alterações climáticas e a cumprir o seu compromisso para com um futuro sustentável. É como plantar uma vasta floresta, limpar o ar e deixar um planeta mais saudável para as gerações futuras.

Fronteira tecnológica

A viagem não é isenta de obstáculos. A investigação sublinha a necessidade de um armazenamento de energia eficiente e da integração de redes inteligentes. É como construir uma rede sofisticada de cidades alimentadas a energia solar, o que exige inovação e avanços tecnológicos.

O efeito de cascata

Esta odisseia solar marroquina tem implicações muito para além das suas fronteiras. Inspira outras nações banhadas pelo sol a explorar o seu próprio potencial solar, criando um movimento global em direção à energia limpa e a um futuro sustentável. É como acender um farol, guiando o mundo para um amanhã mais brilhante e mais verde.

No final...

O trabalho de Amrani (2011) não é apenas um documento de investigação; é um apelo à ação. Conta a história de um Marrocos preparado para se tornar uma potência solar, com políticas de apoio, colaboração internacional e inovação tecnológica como estrelas orientadoras. A mensagem é clara: o sol não é apenas uma fonte de luz e calor, é uma fonte de oportunidades, à espera de ser aproveitada para um futuro mais brilhante, mais verde e mais próspero.

Sambo et al. (2010) pintam um quadro da Nigéria onde o sol não é apenas uma fonte de calor, mas uma fonte de oportunidades. A sua investigação sobre sistemas solares fotovoltaicos (PV) ilumina um caminho para um futuro mais brilhante, mais limpo e mais próspero.

À primeira vista, o elevado custo inicial dos sistemas solares fotovoltaicos pode parecer um obstáculo. No entanto, Sambo et al. revelam habilmente o tesouro escondido das poupanças de energia a longo prazo, pintando um quadro convincente de viabilidade financeira. Tal como um investidor sensato, mostram como o investimento inicial é reembolsado ao longo do tempo, gerando um belo retorno sob a forma de facturas de energia reduzidas e independência de uma rede pouco fiável.

Os autores analisam meticulosamente os componentes de custo, destacando a necessidade de manutenção e a importância dos subsídios governamentais. Salientam os benefícios ambientais dos sistemas solares fotovoltaicos, lembrando-nos que a energia limpa não é apenas uma questão de economia, é um investimento na saúde do nosso planeta.

A investigação desafia o status quo, demonstrando que a energia solar pode superar as fontes de energia convencionais, como os geradores a gasóleo. Isto é especialmente verdade em áreas remotas onde a rede nacional é um sonho distante. Aqui, os sistemas solares fotovoltaicos surgem como faróis de esperança, fornecendo uma linha de vida de eletricidade fiável e acessível.

Sambo et al. também defendem fortemente a necessidade de intervenções políticas, advogando subsídios, reduções fiscais e o desenvolvimento de uma indústria solar local. Prevêem uma Nigéria onde os painéis solares são fabricados e mantidos por trabalhadores locais qualificados, criando um ciclo virtuoso de crescimento económico e sustentabilidade ambiental.

Esta investigação não é apenas um exercício académico; é um apelo à ação. É uma chamada de atenção para o facto de a Nigéria ter potencial para ser uma central de energia solar, aproveitando a abundante luz do sol para alimentar casas, empresas e comunidades. Com as políticas e investimentos corretos, o sol pode nascer numa nova era de independência energética e prosperidade.

Kim e Park (2012) mergulharam a fundo no mundo da energia solar na Coreia do Sul, analisando números e pintando um quadro de sol económico e arco-íris ambiental. É como se colocassem os painéis solares sob um microscópio, examinando todos os cantos e recantos para ver se fazem sentido do ponto de vista financeiro e se são amigos da Mãe Terra.

Então, o que é que eles encontraram?

O dinheiro fala: Os painéis solares podem parecer um luxo caro no início, mas as poupanças a longo prazo e os incentivos governamentais são como encontrar um baú de tesouro enterrado no seu quintal. É um investimento que acaba por compensar, especialmente com uma pequena ajuda do Tio Sam (ou, neste caso, do governo sul-coreano).

Eco-guerreiro: A energia solar é como uma capa de super-herói para o ambiente, combatendo as desagradáveis emissões de gases com efeito de estufa. É uma fonte de energia limpa que ajuda a Coreia do Sul a atingir os seus objectivos de redução de carbono e a fazer a sua parte para salvar o planeta.

Independência energética: Depender de combustíveis fósseis importados é como estar amarrado a uma trela, mas a energia solar oferece uma forma de se libertar. É uma fonte de energia doméstica que ajuda a Coreia do Sul a manter-se de pé.

Titãs da tecnologia: Os avanços na tecnologia solar são como desbloquear novos níveis num jogo de vídeo. Uma maior eficiência e custos mais baixos são as chaves para tornar a energia solar numa fonte de energia comum.

Analisar os números

A análise económica é como uma história de detetive financeiro, em que Kim e Park (2012) seguiram o rasto do dinheiro da energia solar. Analisaram os custos de instalação, as despesas operacionais e os incentivos governamentais. Apesar de os painéis solares poderem ser um pouco dispendiosos à partida, as poupanças a longo prazo fazem deles um investimento sensato.

A análise ambiental é como uma lufada de ar fresco. A energia solar produz zero emissões, o que a torna uma fonte de energia limpa e sustentável que ajuda a Coreia do Sul a reduzir a sua pegada de carbono e a combater as alterações climáticas.

Da investigação à realidade

As conclusões de Kim e Park (2012) não são apenas reflexões académicas; são um roteiro para o futuro energético da Coreia do Sul. O apoio continuado do governo, os investimentos em I&D, as campanhas de sensibilização do público, o desenvolvimento de infra-estruturas e a colaboração internacional são todos ingredientes fundamentais na receita para uma Coreia do Sul movida a energia solar.

Em conclusão, Kim e Park (2012) lançam luz sobre o futuro brilhante da energia solar na Coreia do Sul. A sua investigação é um testemunho dos benefícios económicos e ambientais da energia solar, demonstrando o seu potencial para criar uma nação mais sustentável e independente em termos energéticos. Ao aproveitar o poder do sol, a Coreia do Sul pode abrir caminho para um futuro mais limpo, mais verde e mais próspero.

Energia solar no Sudeste Asiático

1. Tailândia: Iluminando o potencial económico da energia solar
Limmeechokchai e Chawana (2007) levam-nos numa viagem esclarecedora pelo panorama económico da energia solar na Tailândia. Como um detetive experiente, analisam meticulosamente os custos e benefícios, descobrindo um tesouro de potencial. As suas conclusões revelam que a energia solar não é apenas um sonho irrealizável - é um investimento viável e atrativo, especialmente com a ajuda dos incentivos governamentais. O período de retorno do investimento é razoável e os benefícios ambientais são a cereja no topo do bolo. A mensagem é clara: o futuro da energia solar na Tailândia é brilhante, e o apoio contínuo a esta fonte de energia limpa trará recompensas para as gerações vindouras.

2. Indonésia: Energia solar: Um raio de esperança para o acesso à energia
Handoyo e Setiawan (2009) lançam luz sobre a viabilidade económica da energia solar na Indonésia, pintando o quadro de um país onde a energia limpa não é apenas um luxo, mas uma necessidade. Exploram a relação custo-eficácia da energia solar em comparação com os combustíveis tradicionais, salientando o seu potencial para levar luz aos cantos mais remotos do arquipélago. Embora o investimento inicial possa parecer elevado, as poupanças a longo prazo e os benefícios ambientais fazem com que valha a pena. A principal conclusão? A energia solar pode ser um fator de mudança para a Indonésia, proporcionando acesso à energia, impulsionando a economia e abrindo caminho para um futuro sustentável.

3. Vietname: Solar Energy: Um catalisador para o crescimento económico
Nguyen (2007) leva-nos a uma exploração perspicaz do impacto económico da energia solar no Vietname. Como um mestre tecelão, entrelaça os fios da criação de emprego, da poupança de energia e das melhorias ambientais, mostrando a tapeçaria de possibilidades que a energia solar oferece. As conclusões são claras: a energia solar tem o potencial de estimular o crescimento económico, criar empregos e melhorar a balança comercial do país. É um cenário vantajoso para todos, em que a sustentabilidade ambiental e a prosperidade económica andam de mãos dadas. A viagem do Vietname em direção a um futuro movido a energia solar está repleta de promessas e potencialidades.

Imaginem a Malásia sob um céu banhado pelo sol, não só pela sua beleza natural, mas também como uma potência de energia renovável. É essa a visão pintada por Mekhilef, Saidur e Safari no seu artigo de 2011, onde dissecam meticulosamente a equação custo-benefício da energia solar na Malásia.

É um pouco como pesar o preço de um painel solar contra uma vida inteira de sol grátis. Sim, o custo inicial pesa um pouco, mas a recompensa a longo prazo em contas de eletricidade reduzidas e um ambiente mais limpo é um fator de mudança. Pense nisso como um investimento num mealheiro movido a energia solar que se vai enchendo de poupanças.

O estudo revela que a energia solar é uma arma potente contra a ameaça iminente das alterações climáticas. É como trocar um carro a gasolina por um elegante veículo elétrico, reduzindo as emissões nocivas e abrindo caminho para um futuro mais verde. E não se trata apenas de abraçar árvores; trata-se de respirar um ar mais limpo e garantir um planeta mais saudável para as gerações vindouras.

Mas aqui está o senão: o governo precisa de dar um passo em frente e desempenhar o seu papel. Pense neles como os maestros desta sinfonia solar, marcando o ritmo com políticas de apoio e incentivos. Com o apoio certo, a energia solar pode realmente brilhar, atraindo investidores e tornando-a uma escolha irresistível para os consumidores. É uma situação vantajosa para todos, que promove o crescimento económico e reduz a dependência dos dispendiosos combustíveis fósseis.

E não esqueçamos os heróis não celebrados desta história: os cientistas e engenheiros que estão constantemente a ultrapassar os limites da tecnologia solar. As suas inovações são como um turbocompressor para os painéis solares, tornando-os mais eficientes e económicos. É uma corrida em direção a um futuro mais brilhante, onde a energia solar supera as suas contrapartes convencionais.

Então, o que é que tudo isto significa para a Malásia? Trata-se de mais do que apenas ligar um interrutor; trata-se de abraçar uma revolução energética sustentável. Imagine uma nação onde os painéis solares adornam os telhados, alimentando casas e empresas com energia limpa e renovável. É uma visão de segurança energética, prosperidade económica e um ambiente mais saudável.

O documento de 2011 pode ter uma década, mas a sua mensagem é mais atual do que nunca. É um apelo à ação, que insta a Malásia a aproveitar o poder do sol e a iluminar um caminho para um futuro sustentável. É altura de transformar o céu ensolarado numa fonte de possibilidades infinitas.

Imagine as paisagens ensolaradas das Filipinas, um país onde o potencial da energia solar brilha tanto como o próprio sol tropical. O trabalho de investigação de 2014 de Alili e Islam leva-nos numa viagem esclarecedora ao panorama dos custos dos sistemas solares fotovoltaicos (PV) nesta nação vibrante. É como abrir uma arca do tesouro, revelando as jóias escondidas da viabilidade económica da energia solar.

À primeira vista, o investimento inicial em sistemas solares fotovoltaicos parece ser uma subida íngreme, semelhante à escalada de uma montanha. A dependência de painéis solares e componentes importados lança uma sombra sobre a acessibilidade económica. Mas calma aí! A investigação revela um lado positivo: os preços globais dos painéis solares estão numa espiral descendente, como uma cascata suave que cai numa piscina de poupança.

Falemos agora da manutenção quotidiana destas centrais solares. Os custos de funcionamento e manutenção são extremamente baixos, um mero sussurro em comparação com o investimento inicial. É como cuidar de um pequeno jardim, exigindo um esforço mínimo para uma colheita abundante de energia limpa.

O cerne da questão reside no custo nivelado da eletricidade (LCOE), a medida final da competitividade da energia solar fotovoltaica. E adivinha? Está a par e passo com as fontes de energia tradicionais, uma corrida emocionante em direção a um futuro sustentável. Isto significa que a energia solar fotovoltaica não é apenas um guerreiro ecológico; é um concorrente económico experiente.

Se olharmos para o panorama geral, as implicações desta investigação repercutem-se em várias facetas da sociedade filipina. É como uma pedra lançada num lago parado, criando ondas de mudança. A segurança energética ganha um impulso, reduzindo a dependência de combustíveis fósseis importados, como se estivesse a cortar as cordas de uma marioneta. O desenvolvimento económico floresce, com a criação de emprego no sector das energias renováveis, como se fossem sementes a germinar numa indústria próspera. E não esqueçamos os benefícios sociais, onde o acesso à eletricidade ilumina áreas remotas, como acender uma luz num quarto escuro, dando às comunidades educação, cuidados de saúde e oportunidades.

A investigação pinta um quadro vibrante de umas Filipinas onde a energia solar não é apenas um sonho; é uma realidade tangível ao nosso alcance. As políticas governamentais de apoio, como uma brisa suave que impulsiona um barco à vela, podem acelerar a adoção de sistemas solares fotovoltaicos. O fabrico local de painéis solares e componentes poderia reduzir ainda mais os custos, como se fosse um atalho escondido numa viagem.

Na sua essência, o estudo de Alili e Islam é um farol de esperança, iluminando o caminho para um futuro sustentável e próspero para as Filipinas. É um lembrete de que a energia solar não é apenas uma escolha ambiental; é um imperativo económico e social. À medida que o sol continua a brilhar neste belo arquipélago, o potencial dos sistemas solares fotovoltaicos para transformar o panorama energético é ilimitado. É uma história de inovação, resiliência e a busca inabalável de um amanhã mais brilhante.

Adoção da energia solar nos países do Sul da Ásia

Bangladesh: Energia solar - um farol de esperança
Imagine um Bangladesh banhado pelo sol, onde o brilho dos painéis solares não é apenas uma visão, mas um símbolo de progresso. Mondal e Islam (2011) pintam este quadro, sublinhando como os sistemas solares domésticos (SHS) e a energia solar ligada à rede não são apenas um sonho irrealizável, são economicamente sólidos.

Sim, o custo inicial da energia solar pode picar como uma malagueta, mas os benefícios a longo prazo são mais doces do que o mishti doi. Contas de eletricidade mais baixas, um ambiente mais limpo e energia que chega até às aldeias mais remotas - é a receita para um Bangladesh mais brilhante.

Imaginem isto:

As famílias rurais, outrora dependentes de lâmpadas de querosene, desfrutam agora do zumbido constante de uma ventoinha e do brilho de uma lâmpada, tudo graças à energia solar.
As pequenas empresas prosperam e já não são prejudicadas pela falta de fiabilidade da eletricidade.
O ar um pouco mais limpo, o futuro um pouco mais verde.
Mas esta visão precisa de um empurrão. As políticas governamentais, como os subsídios e as reduções fiscais, podem atuar como o vento sob as asas do Solar, ajudando-o a atingir novas alturas.

Nepal: Energia solar - uma ascensão nos Himalaias
Imagine o Nepal, não apenas como uma terra de picos imponentes, mas também de possibilidades alimentadas pelo sol. Shrestha e Pradhan (2004) mostram-nos este potencial, onde a energia solar não é apenas uma alternativa, é um caminho para uma nação mais forte e mais autossuficiente.

As vantagens são evidentes:

Menos dependência de combustíveis fósseis importados, como um alpinista Sherpa a perder peso desnecessário.
As comunidades rurais estão a entrar no século XXI, com a energia solar a alimentar escolas, clínicas de saúde e casas.
Um ambiente mais limpo, preservando a beleza natural que torna o Nepal tão especial.
Mas, tal como escalar o Evereste, adotar a energia solar exige esforço. O apoio do governo, através de políticas e da sensibilização do público, pode transformar esta escalada num triunfo partilhado, beneficiando todos os nepaleses.

Imaginem o Paquistão, banhado pela luz dourada do sol - um reservatório inexplorado de energia, à espera de ser aproveitado. O artigo de 2010 de Rehman e Al-Hadhrami chama a atenção para este potencial, apresentando a energia solar não apenas como um sonho ecológico, mas como uma realidade económica.

A sua investigação é como uma história de detectives financeiros, examinando meticulosamente os custos e benefícios da energia solar. É uma história de investimento inicial, de painéis e instalações, mas também de poupanças a longo prazo, de um período de retorno que revela a riqueza oculta da energia solar. Os números são analisados, calculando o Valor

Atual Líquido e a Taxa Interna de Rentabilidade, provando que, apesar do custo inicial, o jogo a longo prazo da energia solar é um jogo vencedor.

Mas não se trata apenas de dinheiro. O documento pinta uma imagem de um Paquistão mais limpo, onde os painéis solares substituem as chaminés fumegantes e o ar é fresco com possibilidades. É uma visão de segurança energética, onde a dependência de combustíveis importados desaparece, substituída pela autossuficiência. E é uma história de empregos, de uma indústria solar florescente que proporciona meios de subsistência e impulsiona a economia.

Rehman e Al-Hadhrami não se limitam a analisar, defendem-no. Exortam o governo a intervir, com subsídios e incentivos que tornem a energia solar mais acessível. Apelam a uma regulamentação clara, um roteiro para os investidores. E defendem a investigação e o desenvolvimento, promovendo uma tecnologia solar cada vez mais eficiente e acessível.

O seu documento é mais do que uma simples coleção de dados. É um apelo à ação, um projeto para um futuro mais risonho. É um lembrete de que o sol do Paquistão não é apenas uma fonte de calor, mas uma fonte de esperança. É um testemunho do poder do engenho humano e um vislumbre de um mundo onde a energia limpa não é um luxo, mas uma realidade.

A história da energia solar no Sri Lanka: Um investimento caro, um futuro brilhante

Imagine uma nação insular banhada pelo sol, abundante em potencial de energia renovável, mas a braços com os elevados custos das fontes de energia tradicionais. É este o cenário para o mergulho profundo de Jayasinghe e Attalage no mundo dos sistemas solares fotovoltaicos (PV) no Sri Lanka.

O estudo chama a atenção para os obstáculos do custo inicial da energia solar fotovoltaica - um obstáculo assustador para uma adoção generalizada. Mas não se deixe enganar, tal como um tesouro escondido, os benefícios a longo prazo superam o investimento inicial. A menor manutenção, a redução das facturas de eletricidade e os ganhos ambientais dão uma imagem de um futuro energético financeiramente sólido e sustentável.

A investigação analisa os números, mostrando que, enquanto os sistemas residenciais demoram a recuperar os custos (7-10 anos), os sistemas comerciais brilham com um período de retorno mais curto, graças às suas operações que consomem muita energia. As empresas, ao que parece, são mais rápidas a aproveitar o brilho da energia solar.

Mas o que é que isto significa para o mundo real? As implicações são tão vastas como o céu do Sri Lanka:

Poder da política: Os incentivos governamentais são como uma mão amiga, fazendo com que a energia solar fotovoltaica passe de um luxo a uma realidade acessível.
Independência energética: Um Sri Lanka movido a energia solar é um Sri Lanka resiliente, menos dependente da dança inconstante dos preços dos combustíveis fósseis.
Motor económico: A energia solar não é apenas uma questão de energia, é uma questão de emprego, inovação e uma economia verde próspera.
Objectivos Verdes: Na luta contra as alterações climáticas, a energia solar é um poderoso aliado, um farol de sustentabilidade.

O estudo de Jayasinghe e Attalage é uma chamada de atenção. É um apelo à ação para que os decisores políticos, as empresas e os indivíduos aproveitem o potencial do sol. A viagem pode começar com um investimento significativo, mas o destino é um Sri Lanka mais brilhante, mais verde e mais próspero.

Imagine isto: Um pequeno reino aninhado nos Himalaias, um lugar onde a tradição se encontra com a ambição, onde as paisagens imaculadas são um testemunho do empenho de uma nação na harmonia. O Butão, uma terra de Felicidade Nacional Bruta, está agora a dar passos largos no domínio da energia solar, guiado pelos conhecimentos da investigação de Wangchuk e Wangdi de 2012.

Esta investigação, um farol de esperança, ilumina o caminho para um futuro movido a energia solar no Butão. É uma história de viabilidade económica, responsabilidade ambiental e progresso social entrelaçados.

O custo inicial das instalações solares, tal como uma subida de montanha, é um desafio. Mas, tal como chegar ao cume, a vista é de cortar a respiração. As poupanças a longo prazo, a redução da dependência dos combustíveis fósseis e um Butão mais verde fazem com que valha a pena fazer esta viagem.

Não se trata apenas de números; trata-se da alma do Butão. A energia solar reflecte o ethos da nação, protegendo a sua beleza natural ao mesmo tempo que nutre o seu povo. Ar mais limpo, vidas mais saudáveis e uma economia próspera - estas são as promessas da energia solar.

Não se trata de um conto de fadas, mas sim de um apelo à ação. A investigação aponta para mudanças políticas, investimentos em infra-estruturas e colaboração internacional. Trata-se de capacitar as comunidades butanesas, formar uma força de trabalho qualificada e garantir que ninguém é deixado para trás nesta viagem em direção a um amanhã mais brilhante.

O trabalho de Wangchuk e Wangdi não é apenas um trabalho de investigação; é um projeto para o futuro sustentável do Butão. É um lembrete de que mesmo as pequenas nações podem fazer uma grande diferença. É um testemunho do poder do engenho humano e do espírito duradouro de uma nação que se atreve a sonhar.

A história da energia solar no Butão está apenas a começar. É uma narrativa de esperança, resiliência e inovação. É uma viagem em direção a um futuro em que a prosperidade económica e a gestão ambiental andam de mãos dadas. É uma visão de um Butão onde a energia radiante do sol alimenta não só as casas e as empresas, mas também os sonhos e as aspirações do seu povo.

Energia solar na América do Sul

Energia solar: iluminar as possibilidades económicas no Peru e na Venezuela

Vamos fazer uma viagem ao sol através das paisagens do Peru e da Venezuela, onde a energia solar não é apenas um sonho ecológico, mas uma realidade económica em expansão.

Peru: Onde o sol sorri

Imaginem isto: O Peru, uma terra beijada por um sol abundante, com uma média deslumbrante de 5,2 kWh/m²/dia. Bazán-Perkins e García (2015) pintam um quadro vibrante de uma nação que está a aproveitar esta energia dourada. É uma história de custos iniciais elevados, mas com um retorno a longo prazo que é mais brilhante do que um dia de verão. O governo desempenha um papel crucial, oferecendo incentivos e políticas que fazem brilhar os investimentos em energia solar. Trata-se de mais do que apenas dinheiro - trata-se de independência energética, crescimento económico e um Peru mais limpo e mais verde.

Venezuela: Energia solar, um raio de esperança

Agora, voltemos o nosso olhar para a Venezuela. Pérez e Seijo (2012) levam-nos numa viagem por um país que procura soluções energéticas. A energia solar surge como um farol, oferecendo não só uma boa relação custo-eficácia, mas também uma onda de criação de emprego e uma lufada de ar fresco para o ambiente. É uma história de transformação, em que a energia solar não é apenas uma alternativa, mas um catalisador para a diversificação económica, a elevação social e um compromisso com um futuro sustentável.

Efeitos de ondulação no mundo real

Ambos os estudos mostram que a energia solar é mais do que apenas watts e painéis. Trata-se de:

Capacitação: Libertar-se da dependência dos combustíveis fósseis e abraçar a segurança energética.
Prosperidade: Criar empregos, dinamizar as economias e promover o desenvolvimento sustentável.
Harmonia: Proteger o ambiente e preparar o caminho para um planeta mais verde e mais saudável.
É a história de duas nações, cada uma com os seus desafios únicos, mas unidas pelo potencial radiante do sol. É um lembrete de que a energia solar não é apenas um investimento em tecnologia; é um investimento num futuro mais brilhante e mais próspero para todos.

Sinfonia solar argentina: Uma dança de economia e sol

O artigo de Ferrer e Rivoir, de 2016, apresenta-nos as possibilidades harmoniosas da energia solar na Argentina. Pintam um quadro vibrante em que a energia abundante do sol não é apenas uma fonte de calor, mas um catalisador para a transformação económica e a cura ambiental.

1. O palco iluminado pelo sol: O potencial solar da Argentina

A Argentina, abençoada com um ponto geográfico privilegiado, beneficia dos generosos raios de sol. Os investigadores destacam regiões onde o potencial de energia solar está no auge, convidando-nos a imaginar vastos parques solares que se estendem pela paisagem como lagos cintilantes de energia renovável.

2. Um Tango de Custo-Benefício: O fascínio económico da energia solar

A queda dos custos da tecnologia solar fotovoltaica (FV) é o centro das atenções neste ballet económico. À medida que os painéis fotovoltaicos se tornam mais acessíveis, o investimento inicial transforma-se de um obstáculo num trampolim para poupanças de energia a longo prazo e contas de eletricidade reduzidas.

3. O efeito de arrastamento: Harmonia económica e ambiental

A adoção da energia solar não é apenas uma atuação a solo; orquestra uma sinfonia de benefícios. A criação de emprego no sector da energia solar, a segurança energética e a redução da dependência dos combustíveis fósseis são uma dança económica complexa. Entretanto, um ambiente mais limpo e uma pegada de carbono reduzida harmonizam-se lindamente, recordando-nos o delicado equilíbrio entre o progresso humano e a gestão ambiental.

Ecos do mundo real: Da política à consciência pública

1. Guiar a Sinfonia Solar: Os decisores políticos como maestros

O documento fornece a partitura para os decisores políticos comporem políticas e incentivos de apoio. Imaginemos os benefícios fiscais, os subsídios e as tarifas de aquisição como o crescendo que encoraja o investimento na energia solar.

2. Aproveitando o foco solar: oportunidades de investimento

Os investigadores iluminam o caminho para os investidores, apresentando as regiões com maior potencial solar e demonstrando a viabilidade económica da energia solar. Isto atrai investidores nacionais e internacionais, ansiosos por se juntarem à sinfonia solar.

3. Um encore sustentável: A transformação energética da Argentina

A transição para a energia solar não se trata apenas de mudar o mix de energia; trata-se de reescrever a narrativa para um futuro mais limpo e sustentável. A sinfonia solar da Argentina desempenha um papel harmonioso no esforço global de combate às alterações climáticas.

4. Sensibilização do público: O coro de apoio

As campanhas de sensibilização do público tornam-se o coro que amplifica os benefícios da energia solar. Através da educação e do envolvimento da comunidade, o apoio a projectos de energia solar aumenta, transformando ouvintes passivos em participantes activos na revolução solar.

5. Um final sustentável: a energia solar como protagonista

A adoção da energia solar está alinhada com as aspirações da Argentina para o desenvolvimento sustentável. Ao promover a energia limpa, o país pode alcançar o crescimento económico e, ao mesmo tempo, preservar a sua beleza natural e os seus recursos para as gerações vindouras.

Conclusão: Uma sinfonia solar para o futuro

O estudo de Ferrer e Rivoir de 2016 não é apenas uma análise económica; é um convite a abraçar o poder transformador da energia solar. A sua investigação revela um futuro em que a sinfonia solar da Argentina ressoa não só dentro das suas fronteiras, mas também contribui para a harmonia global de um planeta sustentável.

Energia solar no Chile: Um futuro brilhante

Imagine uma terra banhada pelo sol onde a energia limpa não é apenas um sonho, é uma realidade no horizonte. O artigo de Escobar, Cortés e Pino, de 2014, destaca o potencial solar do Chile, defendendo que é altura de abraçar o sol.

Principais conclusões:

Energia solar: Um vencedor financeiro: A investigação analisou os números e os resultados estão à vista: Os projectos de energia solar no Chile não são apenas bons para o planeta, são também bons para a carteira. Com a descida dos custos da tecnologia, a energia solar está cada vez mais a fazer frente às fontes de energia tradicionais, especialmente nas regiões ensolaradas.
Mais verde do que o verde: Esqueça as chaminés e o fumo. As centrais de energia solar são uma lufada de ar fresco, reduzindo as emissões de gases com efeito de estufa como um super-herói com uma capa solar. É uma vitória para o ambiente e um passo importante para o Chile atingir os seus objectivos climáticos.
Governo: O impulsionador da luz solar: Embora a energia solar esteja a brilhar por si só, uma pequena ajuda do governo pode impulsionar o seu crescimento. Pense em benefícios fiscais, subsídios e políticas que tornam a energia solar uma opção óbvia para os investidores.

Mergulhar mais fundo:

A etiqueta de preço: É certo que as centrais solares têm um custo inicial elevado, mas são como aquele carro de confiança que se compra uma vez e se desfruta durante anos. A baixa manutenção e a ausência de facturas de combustível fazem delas a tartaruga na corrida à energia, ganhando a longo prazo.
Localização, localização, localização: O Chile tem alguns locais muito soalheiros, perfeitos para absorver os raios solares e transformá-los em energia. Os investigadores mapearam esta mina de ouro solar, mostrando onde o potencial é maior.
Para além dos dólares: Ar limpo, água limpa e um planeta mais saudável. Os benefícios da energia solar vão para além do balanço financeiro. Trata-se de um futuro em que a produção de energia não se faz à custa do nosso bem-estar.

O que isso significa para o Chile:

Ímã de investimentos: Com a atração económica do Solar, espera-se que os investidores afluam ao Chile, criando um boom de energia verde.
Empregos verdes em abundância: Desde o fabrico de painéis até à sua instalação, a energia solar é um criador de emprego, oferecendo um futuro brilhante aos trabalhadores.
Campeão do clima: O Chile pode entrar na cena mundial como um líder na luta contra as alterações climáticas, inspirando outros a seguir o exemplo.

O resultado final:

A investigação de Escobar, Cortés e Pino não é apenas académica, é um apelo à ação. Pinta uma imagem de um Chile onde a energia limpa e acessível está ao alcance de todos. Ao adotar a energia solar, o país pode colher recompensas tanto para a sua economia como para o ambiente. O futuro parece brilhante, e é alimentado pelo sol.

Iluminando o sector solar: Revelando os resultados

O artigo de 2013 de Jiménez e Rodríguez serve de bússola, guiando-nos através do panorama financeiro dos sistemas solares fotovoltaicos na Colômbia. Disseca meticulosamente os custos envolvidos, desde os painéis brilhantes até aos intrincados inversores e às mãos habilidosas que os instalam. Esta análise meticulosa permite-nos compreender o investimento inicial necessário e, ao mesmo tempo, reconhecer a promessa de poupança de energia a longo prazo, pintando um quadro em que a luz do sol se transforma em ganhos financeiros.

A sua investigação funciona como uma lupa, centrando-se na viabilidade económica dos sistemas solares fotovoltaicos nas diversas regiões da Colômbia. Descobrimos que as áreas banhadas por uma luz solar abundante oferecem um retorno mais rápido do investimento, tornando a energia solar uma perspetiva ainda mais aliciante. O documento também ressalta o papel fundamental das políticas governamentais na formação do cenário solar. As medidas de apoio, como os incentivos fiscais e os subsídios, surgem como catalisadores, acelerando a adoção da energia solar fotovoltaica e tornando-a uma opção economicamente sólida para um público mais vasto.

Para além do domínio financeiro, o documento lança um feixe de luz sobre os benefícios ambientais da energia solar fotovoltaica, mostrando a sua capacidade de reduzir as emissões de gases com efeito de estufa. O documento apresenta uma visão de uma Colômbia onde a energia limpa abre caminho ao desenvolvimento sustentável, promovendo uma relação harmoniosa entre o progresso e o planeta.

Aprofundar: Uma análise multifacetada

Vamos olhar mais de perto, efectuando uma análise custo-benefício minuciosa que pese o investimento inicial e os custos de manutenção em relação às potenciais poupanças na fatura energética. Comparando estes custos com os das fontes de energia tradicionais, podemos iluminar as vantagens financeiras da energia solar fotovoltaica, mostrando o seu potencial para libertar as famílias e as empresas da escalada dos preços da energia.

Temos também de reconhecer a tapeçaria geográfica da Colômbia, reconhecendo que a irradiação solar varia consoante as regiões. Isto tem impacto na viabilidade dos sistemas solares fotovoltaicos, influenciando os períodos de retorno do investimento e a relação custo-eficácia global. Ao compreender estas nuances regionais, podemos adaptar as soluções solares a áreas específicas, maximizando o seu potencial.

O papel das políticas governamentais não pode ser sobrestimado. Uma avaliação crítica dos incentivos e regulamentos existentes revelará oportunidades de melhoria, promovendo um ambiente onde a energia solar floresce. Além disso, estudos de casos reais de projectos solares fotovoltaicos bem-sucedidos na Colômbia servirão como faróis, destacando os desafios superados e as estratégias utilizadas para alcançar o sucesso.

Iluminando o caminho a seguir

O futuro da energia solar fotovoltaica na Colômbia brilha com possibilidades. Os avanços tecnológicos, as potenciais reduções de custos e a colaboração internacional prometem impulsionar ainda mais a energia solar. Ao olharmos para esse futuro, imaginamos uma Colômbia onde a independência energética se torna uma realidade, protegendo a nação da volatilidade dos mercados globais de energia.

A revolução solar tem o poder de criar um efeito de onda, gerando novas oportunidades de emprego em vários sectores. Desde o fabrico e a instalação até à manutenção, a indústria solar pode tornar-se uma fonte de emprego, impulsionando o crescimento económico e capacitando as comunidades.

Ao adotar a energia solar fotovoltaica, a Colômbia pode dar passos significativos em direção aos seus objectivos climáticos, contribuindo para a luta global contra as alterações climáticas. A redução das emissões de gases com efeito de estufa traduz-se num ar mais limpo, promovendo comunidades mais saudáveis e um ambiente mais sustentável para as gerações vindouras.

Além disso, a adoção de sistemas solares fotovoltaicos tem o potencial de acender uma centelha de inovação. A investigação e o desenvolvimento no domínio das energias renováveis irão florescer, posicionando a Colômbia como pioneira em soluções sustentáveis.

Em conclusão, a investigação de Jiménez e Rodríguez lança uma luz radiante sobre o potencial dos sistemas solares fotovoltaicos na Colômbia. Revela um caminho onde os ganhos financeiros se entrelaçam com a responsabilidade ambiental, onde a independência energética e o crescimento económico andam de mãos dadas. Ao aproveitar o poder do sol, a Colômbia pode iluminar um futuro que é simultaneamente próspero e sustentável.

Bolívia: Energia solar - uma oportunidade de ouro

Imagine a Bolívia, uma terra de paisagens vibrantes e potencial inexplorado. O sol bate no Altiplano, um planalto de grande altitude, repleto de energia solar. Arce e Rodríguez (2015) pintam um quadro de um futuro mais brilhante, em que a Bolívia aproveita este recurso abundante.

O seu estudo mostra que a energia solar é um fator de mudança financeira. Sim, o investimento inicial é elevado, como a compra de um painel solar topo de gama para o seu telhado. Mas, com o tempo, as poupanças acumulam-se, como ver a sua fatura de eletricidade diminuir drasticamente.

A Bolívia pode libertar-se da sua dependência de combustíveis importados dispendiosos, tornando-se dona do seu próprio destino energético. A economia estabiliza-se e uma onda de empregos verdes varre a nação. É como trocar um carro velho e enferrujado por um veículo elegante, movido a energia solar - mais limpo, mais eficiente e feito para durar.

Uruguai: História de sucesso solar

Passemos agora ao Uruguai, um país que já está a aproveitar a onda solar. Fernández e Pérez (2012) contam a história de uma transformação notável.

O Uruguai aderiu às energias renováveis, sendo a energia solar uma estrela brilhante. Imagine uma cidade movimentada alimentada pelo sol, com o seu horizonte pontilhado de painéis solares, um símbolo de progresso e inovação. Os benefícios são inegáveis.

Os custos energéticos do Uruguai caíram a pique, como uma emocionante montanha-russa a descer. A economia prospera, atraindo investidores ansiosos por fazer parte desta revolução verde. E, claro, o ambiente respira de alívio com a redução das emissões de gases com efeito de estufa.

O que levar

Estes dois estudos oferecem uma mensagem poderosa: a energia solar não é apenas um sonho, é um caminho viável para um futuro mais brilhante. Tanto a Bolívia como o Uruguai são faróis de esperança, demonstrando que a adoção da energia solar pode levar à prosperidade económica, à independência energética e a um planeta mais saudável. É como plantar uma semente que cresce e se torna uma árvore magnífica, proporcionando sombra, frutos e um legado para as gerações vindouras.

Vamos humanizar isto um pouco mais

Imaginemos a Bolívia, uma nação orgulhosa, pronta a entrar na luz do sol. Com a energia solar, pode libertar-se das correntes de combustível importado e a sua economia florescer como uma flor vibrante no deserto.

Entretanto, o Uruguai brilha como um modelo a seguir, um testemunho do poder da visão e da determinação. É como um surfista experiente a surfar a onda solar, aproveitando sem esforço a sua energia para uma viagem emocionante e sustentável.

Equador sob o sol: Um futuro movido a energia solar

No coração da América do Sul, onde a Cordilheira dos Andes se encontra com a floresta amazónica, o Equador está a beneficiar do brilho de uma revolução solar. A investigação realizada por Villacís e Martínez (2014) mostra o potencial da energia solar para transformar o panorama energético deste país.

Do custo ao benefício: um ato de equilíbrio financeiro

O investimento inicial em energia solar pode parecer uma subida íngreme, mas as poupanças a longo prazo são como uma refrescante brisa da montanha. Trata-se de mais do que apenas dinheiro; trata-se de respirar ar mais limpo e construir um futuro mais brilhante.

Mais do que apenas a luz do sol: Uma sinfonia de benefícios

Um amanhã mais verde: Imagine as paisagens do Equador pintadas em tons vibrantes, e não envoltas em fumaça. A energia solar ajuda a pintar este quadro, reduzindo as emissões de gases com efeito de estufa, deixando um legado de gestão ambiental para as gerações vindouras.
Empregos que florescem como flores: A energia solar é como uma semente que faz brotar oportunidades económicas. Cria empregos na instalação, manutenção e fabrico, permitindo que as comunidades floresçam e cresçam.
Independência energética: Um farol de estabilidade: A dependência de combustíveis fósseis pode ser como um mar tempestuoso, com preços e oferta em constante mudança. A energia solar actua como um farol, orientando o Equador para um futuro energético mais estável e seguro.
Política: O vento sob as asas da energia solar

As políticas governamentais desempenham um papel vital na promoção do crescimento da energia solar. As medidas de apoio podem ser como o vento sob as asas da energia solar, impulsionando o sector para maiores alturas.

Um amanhecer movido a energia solar

A pesquisa de Villacís e Martínez pinta uma imagem vívida de um Equador ensolarado, alimentado por energia limpa e sustentável. É uma imagem de crescimento económico, responsabilidade ambiental e um futuro melhor para todos os equatorianos.

A conclusão é clara: a energia solar não é apenas uma opção viável para o Equador; é uma oportunidade radiante para criar um futuro sustentável e próspero.

Uma perspetiva ensolarada para o Paraguai: desvendando o enigma do custo da energia solar

Imagine o Paraguai, banhado por um sol glorioso, uma terra repleta de potencial solar inexplorado. González e López (2013) embarcam numa missão para descobrir os segredos económicos do aproveitamento desta energia radiante através de sistemas solares fotovoltaicos (PV).

Revelações importantes: Iluminando os números

O preço do sol: O custo inicial dos sistemas fotovoltaicos, semelhante a uma arca do tesouro cheia de painéis solares, inversores e estruturas de montagem, continua a ser um obstáculo formidável. É como uma pesada taxa de entrada para um paraíso movido a energia solar.
Manutenção: Um pequeno defeito: Felizmente, a manutenção destas maravilhas solares é semelhante a uma ligeira limpeza do pó, um mero sussurro comparado com o investimento inicial. Um pequeno preço a pagar por anos de energia limpa.
A recompensa energética: O Paraguai, abençoado com luz solar abundante, possui uma colheita solar pronta para ser colhida. Quanto mais energia esses sistemas fotovoltaicos gerarem, mais rápido eles se pagarão e mais verde será o futuro.

Radiografia económica: Vale a pena o investimento?

Tempo de retorno do investimento: A investigação revela que os sistemas fotovoltaicos mais pequenos, tal como os colibris ágeis, recuperam o seu custo inicial mais rapidamente do que os maiores. É uma proposta tentadora para quem procura retornos rápidos.
Equilibrar a balança: González e López (2013) ponderam o custo dos sistemas fotovoltaicos em relação às poupanças a longo prazo e aos benefícios ambientais. O veredito? A energia solar, a longo prazo, é como uma prenda que não pára de dar, tanto a nível financeiro como ecológico.

Dividendos verdes: Para além do balanço

Limpeza da pegada de carbono: Os sistemas fotovoltaicos actuam como uma lufada de ar fresco, reduzindo as emissões de carbono e abrindo caminho para um Paraguai mais limpo e saudável. É um investimento no bem-estar do planeta e dos seus habitantes.

Efeitos de arrastamento no mundo real: Da política ao progresso

O governo como campeão da energia solar: Os subsídios e incentivos, tal como os raios de sol que atravessam as nuvens, podem dar aos indivíduos e às empresas o poder de adotar a energia solar.
Indústria solar local: Alimentar um sector local de produção de energia solar é como plantar sementes para uma economia verde florescente, criando empregos e reduzindo custos.
Independência energética: O Paraguai, livre da volatilidade das importações de combustíveis fósseis, pode desfrutar do brilho da segurança energética, um farol de autossuficiência.

Conclusão: Um amanhecer movido a energia solar

González e López (2013) pintam um quadro vívido da paisagem solar do Paraguai. Embora o investimento inicial em sistemas fotovoltaicos possa parecer assustador, os benefícios a longo prazo são tão claros quanto um céu sem nuvens. Ao adotar políticas de apoio e cultivar um mercado solar próspero, o Paraguai pode entrar num futuro mais brilhante e mais sustentável. É hora de deixar a luz do sol entrar!

No coração radiante do Paraguai, González e López (2013) pintam um quadro em que a energia solar não é apenas um sonho verde, mas uma oportunidade de ouro. A sua investigação, como um raio de sol através de uma lupa, centra-se na viabilidade económica da energia solar no país. Trata-se de uma análise de custo-benefício que ilumina o potencial desta fonte de energia renovável.

As suas descobertas são um raio de esperança: a energia solar no Paraguai é economicamente viável, graças à abundância de sol na região. O custo inicial dos painéis solares, como o plantio de uma semente, é um investimento que floresce em economias de longo prazo nas contas de energia e em benefícios ambientais. É uma situação em que todos ganham.

O estudo também revela o impacto ambiental. A energia solar, como uma lufada de ar fresco, reduz drasticamente as emissões de gases com efeito de estufa em comparação com os combustíveis fósseis. Alinha-se com a luta global contra as alterações climáticas, permitindo que o Paraguai entre na luz de um futuro sustentável.

Além disso, a energia solar permite que o Paraguai se liberte das cadeias de combustíveis fósseis importados. É um caminho para a independência energética, como um farol que guia o país para um futuro mais seguro e estável.

As implicações deste estudo no mundo real são como um roteiro. Sugere recomendações políticas, como incentivos governamentais à energia solar, para acelerar a sua adoção. Destaca também a necessidade de desenvolvimento de infra-estruturas, como um sistema de rede forte para lidar com o afluxo de energia solar. Além disso, salienta a importância da consciencialização do público, como acender uma chama de compreensão sobre os benefícios da energia solar.

Em conclusão, González e López (2013) apresentam um caso convincente para a energia solar no Paraguai. Os benefícios económicos, ambientais e sociais ultrapassam os custos iniciais, tornando-o um exemplo brilhante de desenvolvimento sustentável. É uma história de como o aproveitamento do poder do sol pode levar a um futuro mais brilhante para todos.

Adoção da energia solar em diferentes países

Energia solar: aventuras económicas no mundo

México: Beijado pelo sol e rico em oportunidades

Imagine o México, uma terra banhada pela luz do sol, onde a energia solar não é apenas um sonho, é uma festa económica! Romero-Rubio e de Andrés Díaz (2015) pintam o quadro de uma nação repleta de potencial solar. Graças às suas paisagens ensolaradas, o futuro solar do México é brilhante. É como ter uma mina de ouro de energia limpa à espera de ser explorada, prometendo empregos, segurança energética e um futuro mais verde. O governo está até a entrar em ação, oferecendo apoio que faz do investimento solar no México uma oportunidade escaldante.

África do Sul: O sol nasce na promessa económica

Na África do Sul, Pegels (2010) leva-nos numa viagem onde a energia solar não é apenas viável, é uma estrela económica em ascensão. Imagine um país onde a energia solar é aproveitada para criar empregos, reduzir os custos da energia e impulsionar a economia. Claro que há o obstáculo inicial dos elevados custos de investimento, mas é como plantar uma semente que, com os cuidados certos (apoio governamental!), crescerá e se tornará uma árvore económica próspera. É um testemunho do facto de que, com visão e determinação, a energia solar pode ser um fator de mudança.

China: A energia solar como um dragão económico

Agora, imagine-se a China, uma nação onde a energia solar não é apenas uma fonte de energia, é um dragão económico que atinge novos patamares. Zhang, Andrews-Speed e Zhao (2013) revelam uma história de crescimento económico alimentado pelo sol. Os investimentos em energia solar estão a criar empregos, a impulsionar a economia e a limpar o ambiente. O forte apoio do governo tem sido fundamental, provando que, com as políticas certas, a energia solar pode ser uma potência económica. É um exemplo brilhante de como as energias renováveis podem abrir caminho para um futuro sustentável e próspero.

Revelando o lado ensolarado: A história da energia solar no Brasil

De Oliveira e Fernandes (2012) levam-nos numa viagem ao coração do potencial solar do Brasil, uma terra onde a luz do sol não é apenas abundante, mas um tesouro à espera de ser explorado. O seu estudo, tal como uma bússola, aponta para um horizonte promissor onde a energia limpa se encontra com a prosperidade económica.

Os raios dourados da poupança

A despesa inicial com painéis solares pode parecer uma subida íngreme, mas este investimento é como plantar uma árvore de dinheiro. Ao longo do tempo, esses raios de sol traduzem-se em poupanças que fazem com que a sua fatura energética seja apenas um sussurro. É um tango financeiro em que você lidera e as empresas de eletricidade seguem o seu ritmo.

Uma lufada de ar fresco

Imagine um mundo com menos poluição atmosférica, céus mais limpos e um planeta mais saudável. A energia solar não se trata apenas de alimentar a sua casa; trata-se de alimentar um futuro mais limpo. Cada painel instalado é um passo para longe da fumaça dos combustíveis fósseis e um passo para a realização dos sonhos verdes do Brasil.

Os magos da tecnologia no trabalho

A revolução solar é mais do que apenas painéis nos telhados. É uma sinfonia de inovação tecnológica. Imagine células solares cada vez mais elegantes, tão eficientes que praticamente zumbem com a energia, e soluções de armazenamento engenhosas que tornam a luz do sol disponível mesmo quando as nuvens se acumulam.

A dança das políticas

O governo desempenha um papel crucial neste samba solar. Os subsídios e os benefícios fiscais podem ser o empurrãozinho que torna a energia solar acessível a todos. Um quadro regulamentar estável é como uma pista de dança sólida, dando aos investidores a confiança necessária para darem passos ousados na arena das energias renováveis.

Efeitos de ondulação no mundo real

Não se trata apenas de números numa página. A mudança solar tem implicações no mundo real. Pense em economias locais prósperas, na criação de emprego no sector das energias renováveis e numa população mais saudável que respira um ar mais puro. Trata-se de capacitar indivíduos, empresas e a nação como um todo.

Conclusão: Um amanhã mais brilhante

O estudo de De Oliveira e Fernandes ilumina o caminho para um futuro sustentável e próspero para o Brasil. É um testemunho do poder do engenho humano e um lembrete de que, mesmo no meio dos desafios globais, há sempre um raio de esperança. Com as políticas certas e um toque de inovação, a história solar do Brasil pode inspirar o mundo.

Imagine Chandel e a sua equipa são exploradores intrépidos, que se aventuram na paisagem solar da Índia, sendo o seu trabalho de investigação um mapa do tesouro que revela os custos ocultos dos sistemas solares fotovoltaicos. As suas descobertas, como pedras preciosas brilhantes, revelam um quadro deslumbrante.

Primeiro, descobrem os componentes de custo, categorizando-os cuidadosamente como um joalheiro meticuloso: os módulos fotovoltaicos premiados, os inversores indispensáveis, as estruturas de montagem robustas e os intrincados custos de instalação. Depois, traçam as tendências dos custos ao longo do tempo, testemunhando um declínio emocionante, como uma majestosa cadeia de montanhas que se transforma gradualmente em suaves colinas.

Em seguida, analisam a viabilidade económica da energia solar fotovoltaica, comparando o seu Custo Nivelado de Eletricidade (LCOE) com as fontes de energia tradicionais, como um comerciante astuto que pesa o ouro contra a prata. Em regiões abençoadas com luz solar abundante, a energia solar fotovoltaica surge como um concorrente à altura, com o seu LCOE a brilhar intensamente.

Em seguida, calculam o período de retorno do investimento, um indicador crucial do potencial de investimento, tal como um agricultor sábio que antecipa a época das colheitas. A diminuição do período de retorno do investimento, tal como um fruto a amadurecer, indica um futuro promissor para a energia solar fotovoltaica.

Por fim, revelam os benefícios ambientais, um tesouro escondido de emissões reduzidas de gases com efeito de estufa e de combustíveis fósseis conservados, como uma floresta intocada repleta de vida.

Este mapa do tesouro, com os seus intrincados pormenores e valiosos conhecimentos, orienta os decisores políticos, os investidores e os ambientalistas. Ilumina o caminho para um futuro mais brilhante e mais verde, alimentado pelo sol radiante.

Implementação da energia solar no Japão, Austrália, Alemanha, Estados Unidos e Canadá

O sol também nasce para a Australian Solar

O estudo de Parkinson de 2012 mostra que os painéis solares estão a perder o seu estatuto de "artigo de luxo" mais rapidamente do que um bronzeado de Bondi Beach desaparece no inverno. A queda dos preços, aliada ao aumento da potência dos painéis, faz com que a energia solar pareça menos um sonho ecológico e mais um investimento inteligente. A Austrália, com as suas paisagens ensolaradas, poderia estar a aproveitar os benefícios económicos deste boom de energia limpa. É uma situação em que todos ficam a ganhar: um futuro mais risonho para as carteiras e para o ambiente.

Os sonhos dos americanos com energia solar

Borenstein mergulha a fundo na cena solar dos EUA, analisando os números para ver se a luz do sol pode realmente alimentar uma nação. O veredito? A energia solar tem potencial para ser uma potência económica, mas apenas com a ajuda das políticas governamentais e dos contínuos saltos tecnológicos. Pense nisto como um jovem atleta promissor - o talento em bruto precisa de ser cultivado para atingir todo o seu potencial. Se for bem trabalhada, a energia solar pode significar um ar mais limpo, mais empregos e uma economia mais forte. É uma visão brilhante, mas será preciso mais do que apenas luz do sol para a tornar realidade.

Iluminando a energia solar: Um mergulho criativo na investigação de Komiyama e Fujii

O artigo de 2014 de Komiyama e Fujii não é apenas mais um documento de investigação árido; é um foco de luz solar sobre o futuro energético do Japão. Deixemos de lado o jargão e façamos uma viagem vibrante pelas suas descobertas:

1. O braço de ferro económico

Imagine a energia solar como um empresário em início de carreira. Os custos iniciais de instalação são elevados, como o aluguer de um escritório elegante no centro da cidade. Mas a tecnologia está a ficar mais barata e, tal como esse empresário experiente, a energia solar está a aprender a fazer mais com menos. Uma vez instalada e a funcionar, as "taxas de manutenção" são insignificantes em comparação com os gigantes dos combustíveis fósseis da velha guarda.

Claro que a produtividade do Solar depende da localização. O Japão tem muitos locais ensolarados, mas nem tudo são praias e sol.

2. O efeito de auréola verde

É aqui que a energia solar brilha verdadeiramente. É como trocar um SUV que consome muita gasolina por uma elegante bicicleta eléctrica. As emissões de CO2 caem a pique e o ar torna-se um pouco mais fácil de respirar. Além disso, depender menos de combustíveis importados? Isso é o Japão a dar provas da sua independência energética.

3. A orientação do Governo

Pense no governo como um capitalista de risco, e a Solar é a sua promissora start-up. Tarifas de alimentação e subsídios? Esses são os investimentos cruciais que tornam a energia solar uma aposta atractiva para todos.

Ampliação: Os pormenores

Os números não mentem: Os autores analisam esses números como contabilistas experientes. Os projectos solares saem a ganhar, com retornos que rivalizam com outras opções de energia verde. E o tempo de retorno do investimento? Está a diminuir mais depressa do que a calota polar a derreter.
Mais do que dinheiro: Claro que a economia é importante, mas e o planeta? Komiyama e Fujii contabilizam os ganhos ambientais da Solar, desde a redução de CO2 até ao ar mais limpo. É como um spa para a Mãe Terra.

O que é que isto significa para o mundo real?

Power-Ups da política: Continuem a receber os incentivos governamentais! É como dar um impulso turbo à energia solar. E não nos esqueçamos da I&D - é aí que acontecem as próximas grandes descobertas.
Mudança de mercado: À medida que a energia solar se torna mais barata, não é apenas o sonho de um guerreiro ecológico; é uma jogada comercial inteligente. Espera-se um abanão na paisagem energética, com novos empregos a brotarem como girassóis.
Um futuro mais brilhante e mais verde: A energia solar não é apenas uma questão de hoje; é uma questão de deixar um legado. Um Japão alimentado por energia limpa, com cidadãos saudáveis e um planeta que pode respirar tranquilamente.

Em poucas palavras...

O trabalho de Komiyama e Fujii pinta uma imagem da energia solar não como um sonho distante, mas como uma realidade tangível. É um convite para abraçar a luz do sol, não apenas pelo seu calor, mas pelo futuro mais brilhante que pode proporcionar.

A história contada pelos números

O relatório traça um percurso impressionante para os sistemas solares fotovoltaicos na Alemanha. É uma história de custos decrescentes, eficiência crescente e um mercado em expansão. Estamos a falar de painéis solares que se tornaram 10 vezes mais baratos desde 1990 - é como se um carro de luxo se tornasse subitamente o preço de uma bicicleta!

Ao mesmo tempo, estes painéis estão a melhorar o seu trabalho. Transformam mais luz solar em eletricidade, extraindo mais valor de cada raio. E a Alemanha? Está a abraçar esta mudança, com painéis solares a aparecerem por todo o lado. É uma história de sucesso da tecnologia verde que está a criar raízes.

O que isto significa para o mundo real

Energia solar para todos: Painéis mais baratos significam que mais pessoas podem dar-se ao luxo de usar energia solar. Imagine famílias a abastecer as suas casas, empresas a funcionar com a luz do sol e até fábricas a aproveitar a energia do sol. É uma questão de acessibilidade e democratização.
Liberdade energética: A Alemanha pode libertar-se da sua dependência de combustíveis fósseis importados. É um passo em direção à independência energética e a um futuro mais seguro.

Emprego e inovação: O boom da energia solar é um criador de emprego. Do fabrico à instalação, da investigação à manutenção, está a provocar uma onda de empregos verdes. Além disso, está a fazer avançar a tecnologia, conduzindo a soluções solares ainda melhores no futuro.
Um planeta salvo: A mudança para a energia solar é uma vitória para o ambiente. É menos poluição, menos gases com efeito de estufa e um planeta mais saudável. É uma contribuição concreta para a luta contra as alterações climáticas.
Política em destaque: O relatório é uma chamada de atenção para os decisores políticos. Mostra que apoiar a energia solar não é apenas bom para o ambiente; é bom para a economia. É um roteiro para políticas inteligentes que aceleram a transição para a energia limpa.

Em conclusão

O relatório traça um quadro da maturidade da energia solar na Alemanha. É um testemunho do engenho humano, das forças de mercado e do poder da tecnologia verde. É um lembrete de que um futuro sustentável não só é possível como está ao nosso alcance.

É como assistir a uma revolução silenciosa, em que os telhados se estão a transformar em centrais eléctricas e o sol se está a tornar nosso aliado na construção de um mundo melhor. É uma história de esperança, progresso e o potencial para um amanhã mais brilhante e mais limpo.

Iluminando o futuro: A promessa da energia solar no Canadá

O estudo de 2004 de Poissant, Thevenard e Turcotte apresenta a energia solar no Canadá como uma estrela brilhante, embora ainda um pouco distante. O custo inicial dos painéis solares pode parecer que se está a tentar chegar à lua, mas as poupanças a longo prazo e os benefícios ambientais sussurram promessas de um futuro mais verde e mais sustentável.

As conclusões do estudo não são apenas números numa página; são um roteiro para um Canadá mais limpo. Os avanços tecnológicos estão a tornar a energia solar mais acessível e económica todos os dias. O potencial de criação de emprego e de crescimento económico é um raio de sol numa paisagem energética em constante mudança.

As implicações no mundo real são claras:

Decisores políticos: Está na altura de aproveitar o poder do sol criando políticas que incentivem a adoção da energia solar. Subsídios, reduções fiscais e campanhas de sensibilização do público podem ajudar a abrir caminho para uma revolução solar.
Investidores: Financiar a investigação e o desenvolvimento da tecnologia solar é um investimento num futuro mais risonho. Cada avanço aproxima-nos de um mundo onde a energia limpa não é apenas um sonho, mas uma realidade.
Cidadãos: Cada painel solar instalado é um passo em direção a um Canadá mais verde. É uma declaração de que nos preocupamos com o ambiente e com o legado que deixamos para as gerações futuras.
O caminho para um futuro movido a energia solar pode ter os seus desafios, mas as recompensas são inegáveis. Vamos abraçar o poder do sol e criar um Canadá onde a energia limpa brilha para todos.

Energia solar na Europa

1. A Serenata Solar Italiana (Carta & Carta, 2016)
Em Itália, o sol não é apenas uma fonte de calor e luz; está a tornar-se um farol de oportunidades económicas. Os painéis solares, outrora um luxo, são agora mais acessíveis do que nunca, graças aos saltos tecnológicos e à escala de produção. O governo, desempenhando o papel de um generoso mecenas, deu incentivos à indústria solar, alimentando um boom de instalações, particularmente em regiões ensolaradas como a Lombardia e o Veneto.

Esta serenata solar tem mais do que uma melodia agradável; está a criar empregos, a reforçar a independência energética e a harmonizar-se com os objectivos ambientais de Itália. É uma situação em que todos ganham, demonstrando que uma disposição ensolarada pode levar a um futuro económico mais brilhante.

2. O Ballet Solar de França (Masson, Latour, & Biancardi, 2011)
Em França, a dança da energia solar está a ganhar força, com cada passo a tornar-se mais gracioso e rentável. As piruetas tecnológicas tornaram os painéis solares mais eficientes e acessíveis, enquanto as políticas de apoio do governo proporcionam a coreografia perfeita para um mercado solar próspero.

Este ballet solar não é apenas um espetáculo; é um testemunho do poder da colaboração entre inovação e política. É uma história de desenvolvimento sustentável, onde o crescimento económico e a responsabilidade ambiental dançam em perfeita harmonia.

3. A Sinfonia Solar Holandesa (van Sark, Brandsen, & Fleuster, 2007)
Nos Países Baixos, está a ser tocada uma sinfonia solar, que é música para os ouvidos de economistas e ambientalistas. O custo da energia solar baixou drasticamente, tornando-a um ator competitivo no mercado da energia. Entretanto, os seus benefícios ambientais ressoam fortemente, ajudando os Países Baixos a atingir as notas altas dos seus objectivos climáticos.

Esta sinfonia solar é mais do que uma melodia agradável; é um testemunho do poder da inovação e da crescente sensibilização do público para as energias renováveis. É uma mistura harmoniosa de crescimento económico e responsabilidade ambiental, criando um futuro energético sustentável para os Países Baixos.

Imaginemos Espanha como uma tela banhada pelo sol e a energia solar como as cores vibrantes que a atravessam. O artigo de del Río e Mir-Artigues (2014) leva-nos numa visita guiada a esta obra-prima, explorando a intrincada dança entre economia, ambiente e sociedade.

Uma tapeçaria de transformação

A adoção da energia solar em Espanha, impulsionada pelo sistema de tarifas de aquisição, foi como que a abertura das comportas do investimento e da criação de emprego. A economia desabrochou como um girassol, mas o Governo viu-se obrigado a suportar o peso dos elevados subsídios, como Atlas a carregar o céu aos ombros.

Entretanto, o ambiente respirou de alívio com a diminuição das emissões de gases com efeito de estufa. No entanto, as extensas quintas solares e a produção de painéis que consomem muitos recursos serviram para lembrar que mesmo a mais verde das energias projecta uma sombra.

A energia solar não só reforçou a independência energética de Espanha, como também conquistou a opinião pública. Era uma melodia de esperança, que prometia um planeta mais limpo e um futuro económico mais risonho.

Lições do sol espanhol

A viagem de Espanha é um tesouro de sabedoria para os decisores políticos de todo o mundo. Sussurra a importância de modelos de subsídios sustentáveis, como um velho sábio a aconselhar moderação. Sublinha também a necessidade de uma estratégia energética integrada, uma sinfonia harmoniosa em que as notas económicas, ambientais e sociais se misturam perfeitamente.

Para a comunidade científica, é um apelo à inovação. A procura de tecnologias solares mais eficientes e económicas é como uma busca interminável do Santo Graal. Também a rede eléctrica tem de evoluir para se adaptar ao surto solar, um ballet tecnológico de adaptação.

Uma serenata solar global

A experiência de Espanha não é apenas uma história local; é um hino universal. Outros países, ansiosos por aproveitar a energia ilimitada do sol, podem aprender com os triunfos e os erros de Espanha. É um testemunho do poder da colaboração internacional, um coro global que canta em harmonia para um futuro sustentável.

No final...

A tela da energia solar em Espanha é uma complexa tapeçaria de luz e sombra. Del Río e Mir-Artigues teceram habilmente os fios do crescimento económico, da gestão ambiental e do progresso social. O seu trabalho ilumina o caminho para um futuro energético equilibrado e sustentável, um futuro em que o sol brilha intensamente para todos nós.

Luz do sol num orçamento: A história do custo da energia solar fotovoltaica no Reino Unido

Imaginem o sol como um mealheiro gigante e dourado no céu. Goodrich, James e Woodhouse (2012) acabaram de nos entregar a chave.

A sua investigação, proveniente do Laboratório Nacional de Energias Renováveis (NREL), mergulha a fundo na repartição dos custos dos sistemas solares fotovoltaicos no Reino Unido. É como se tivessem descascado as camadas de uma cebola, revelando os tesouros escondidos no seu interior - oportunidades para tornar a energia solar mais acessível.

O enigma dos custos

Imagine um sistema solar fotovoltaico como um bolo delicioso.

Os módulos são o próprio bolo. São as estrelas do espetáculo, convertendo a luz solar em eletricidade. O estudo revela como o seu custo diminuiu ao longo dos anos, graças aos saltos tecnológicos e à produção em massa. É como encontrar uma receita de bolo gourmet que, de repente, ficou muito mais barata.

Os custos do balanço do sistema (BoS) são a cobertura e as decorações. Isto inclui tudo o resto - instalação, inversores, sistemas de montagem, etc. A investigação aponta para formas de otimizar estes custos, como um padeiro experiente que aperfeiçoa a sua técnica de cobertura.

Os custos operacionais e de manutenção (O&M) são como manter o bolo fresco. As inspecções e reparações regulares são essenciais para manter o sistema a funcionar. O estudo esclarece como minimizar estas despesas, garantindo que o seu bolo se mantém delicioso durante anos.

Menu Poupança Solar

A investigação oferece um menu tentador de opções de redução de custos:

Festa tecnológica: As inovações na tecnologia solar estão constantemente a criar módulos mais eficientes e económicos. É como descobrir um novo ingrediente revolucionário para bolos que é simultaneamente mais saboroso e mais barato.

Pechincha a granel: As instalações maiores e a produção em massa podem reduzir significativamente os custos, tal como a compra de bolos a granel numa padaria grossista.

Vantagens da política: Os incentivos governamentais e as regulamentações simplificadas são as cerejas no topo do bolo, tornando a energia solar ainda mais doce. É como receber um cupão de desconto para o seu bolo.

Para além da etiqueta de preço

O estudo não se limita à caixa registadora. Destaca também o impacto ambiental:

Pastos mais verdes: Os sistemas solares fotovoltaicos reduzem as emissões de gases com efeito de estufa, ajudando a criar um planeta mais limpo. É como plantar uma árvore com cada fatia de bolo que saboreia.

A ondulação no mundo real

A investigação não é apenas académica - tem implicações reais:

Poder das políticas: Os governos podem utilizar estes conhecimentos para elaborar políticas que tornem a energia solar mais acessível. É como fazer um bolo que toda a gente pode pagar.

Inovação no sector: O sector da energia solar pode concentrar-se em reduzir ainda mais os custos e melhorar a eficiência. É como um mestre pasteleiro a aperfeiçoar o seu ofício.

O horizonte iluminado pelo sol

Goodrich, James e Woodhouse deram-nos um roteiro para um futuro mais risonho. Ao compreendermos o panorama dos custos da energia solar fotovoltaica, podemos tomar decisões informadas para promover a sua adoção generalizada. Chegou a altura de desbloquear todo o potencial do mealheiro dourado no céu e de nos deliciarmos com a sua energia abundante e limpa.

Duas nações, a Noruega e a Finlândia, conhecidas pelos seus longos e escuros Invernos e pela proximidade do Círculo Polar Ártico, podem não parecer candidatos óbvios à energia solar. No entanto, estes dois estudos perspicazes, um centrado na Noruega (Seljom & Tomasgard, 2015) e outro na Finlândia (Lund, 2006), iluminam uma verdade surpreendente: o sol, mesmo no extremo Norte, ainda pode ser uma promessa económica e ambiental.

Noruega: Perseguindo o sol da meia-noite

A Noruega, terra de fiordes e vikings, onde o sol mal se põe no verão e mal nasce no inverno, enfrenta um desafio único. Seljom e Tomasgard (2015) pintam o quadro de um país onde a energia solar, apesar das probabilidades, pode encontrar o seu lugar. Os longos dias de verão, com as suas horas de luz solar prolongadas, oferecem uma surpreendente abundância de radiação solar, particularmente em certas regiões. Embora os custos iniciais de instalação sejam elevados, os autores argumentam que os incentivos governamentais e as poupanças a longo prazo podem fazer pender a balança a favor da energia solar. É uma história de equilíbrio entre os extremos da natureza e o engenho humano, uma história de independência energética e de um futuro mais limpo.

Finlândia: Uma perspetiva solarenga

A Finlândia, um país de florestas e saunas, também se encontra na encruzilhada do potencial da energia solar. O estudo de Lund de 2006 revela um país onde a energia solar pode não só brilhar em termos ambientais, mas também económicos. O potencial de criação de emprego, desde a instalação ao fabrico, é substancial. Prevê-se que o custo da energia solar, outrora proibitivo, diminua, tornando-a cada vez mais competitiva. É uma narrativa de crescimento económico entrelaçada com responsabilidade ambiental; uma visão de um futuro sustentável alimentado pelo sol.

Common Threads, Sonhos do Norte

Ambos os estudos sublinham o papel fundamental do apoio governamental na libertação do potencial da energia solar. Os subsídios e as políticas podem preparar o caminho para uma adoção generalizada, transformando estes países nórdicos em líderes inesperados no domínio das energias renováveis. As implicações são claras: a energia solar pode contribuir para a independência energética, reduzir as pegadas de carbono e estimular o crescimento económico. É um testemunho da resiliência e inovação humanas, um lembrete de que, mesmo nos cantos mais frios do mundo, o sol ainda pode iluminar o caminho para um futuro mais brilhante.

Para além dos dados

Estes estudos, embora ricos em dados e análises, também contam uma história humana. É uma história de comunidades que abraçam a mudança, de indivíduos que investem num futuro mais limpo e de nações que lutam pela independência energética. É um lembrete de que a energia solar não se trata apenas de números e estatísticas; trata-se de pessoas, dos seus sonhos e da sua determinação em construir um mundo melhor, um raio de sol de cada vez.

Imaginem a Suécia, um país de tradição viking e paisagens de cortar a respiração, agora em busca de energia mais limpa. Widén e Wäckelgård, tal como os exploradores dos tempos modernos, partiram em 2010 para traçar a fronteira da energia solar. Armados com análises de custo-benefício, navegaram pelo terreno, procurando os tesouros económicos e ambientais que os sistemas solares fotovoltaicos poderiam conter.

As suas descobertas, tal como as runas antigas, revelaram uma imagem matizada:

Viabilidade económica: Os painéis solares, outrora um luxo, estão lentamente a tornar-se acessíveis. O custo inicial ainda é elevado, como subir um fiorde, mas a recompensa a longo prazo, como uma colheita abundante, é substancial. Os incentivos governamentais, como um decreto de um rei benevolente, podem adoçar ainda mais o negócio.
Benefícios ambientais: A energia solar brilha como um farol de esperança para um futuro mais verde. Reduz drasticamente os incómodos gases com efeito de estufa, ajudando a Suécia a atingir os seus objectivos em matéria de energias renováveis. A Mãe Natureza sorri.
Avanços tecnológicos: Tal como os navios dos Vikings, que estão sempre a evoluir, a tecnologia solar está constantemente a melhorar. A eficiência está a aumentar, os custos estão a diminuir e o futuro parece brilhante.
Política e incentivos: Um governo que apoie, tal como um conselho sábio, é crucial. Subsídios, reduções fiscais e tarifas de alimentação são o vento nas velas da energia solar.

A análise aprofundada dos resultados permitiu-nos ver o que se passava:

Factores económicos: O custo de instalação inicial pode picar como o machado de um Norseman, mas a manutenção é fácil. As poupanças nas contas de eletricidade, no entanto, oferecem um banquete viking para a carteira.
Impacto ambiental: A energia solar é uma lufada de ar fresco, reduzindo as emissões de CO_2 e assegurando um futuro energético sustentável para as gerações vindouras.
Inovação tecnológica: Tal como a elaboração de espadas mais finas, a tecnologia solar está sempre a avançar. A eficiência está a aumentar, os custos estão a diminuir e as possibilidades são infinitas.
A política é importante: As políticas de apoio, como uma forte barreira de proteção, protegem e incentivam o crescimento da energia solar. Tornam o investimento mais atrativo, garantindo um retorno mais rápido.
As implicações desta investigação propagam-se, como as ondas de uma pedra lançada num lago parado. Orientam os decisores políticos, inspiram os investidores e informam o público.

No final, o trabalho de Widén e Wäckelgård é um testemunho do poder do engenho humano e da nossa procura de um futuro sustentável. É um apelo à ação, um lembrete de que, mesmo em terras onde o sol nem sempre brilha, a energia solar pode oferecer um caminho para um amanhã mais limpo e mais verde. É um convite para abraçar o sol, não apenas como fonte de luz e calor, mas como fonte de esperança e possibilidade.

Na grande tapeçaria da paisagem energética da Suécia, a energia solar pode não ser o fio dominante, mas é um fio vibrante e cada vez mais importante. É um fio tecido com inovação, sustentabilidade e a promessa de um futuro mais brilhante.

A história da energia solar na Dinamarca: Uma história de custo-benefício

Era uma vez, no país da Dinamarca, dois investigadores, Henrik Lund e Ebbe Münster, que embarcaram numa missão para compreender o verdadeiro custo do aproveitamento da energia do sol. As suas descobertas, publicadas em 2003, pintaram um quadro de desafios e oportunidades no domínio dos sistemas solares fotovoltaicos (PV).

A etiqueta de preço do sol

Lund e Münster não se limitaram a olhar para o preço de etiqueta dos painéis solares. Foram mais fundo, considerando todo o tempo de vida de um sistema fotovoltaico. Desde o investimento inicial em painéis, inversores e instalação, até aos custos contínuos de manutenção, não deixaram pedra sobre pedra.

A recompensa verde

Embora os custos iniciais da energia solar fossem substanciais, os investigadores encontraram um lado positivo. Com o passar do tempo, as poupanças resultantes da redução das facturas de energia e os benefícios ambientais da diminuição das emissões de carbono começaram a fazer pender a balança. Os sistemas fotovoltaicos pareciam ser um investimento num futuro mais risonho.

O papel do governo

O estudo também destacou o poder das políticas governamentais. Os subsídios, as reduções fiscais e as tarifas de aquisição podem atuar como uma varinha mágica, transformando a energia solar de um luxo numa realidade acessível para muitos.

O futuro é brilhante

A investigação de Lund e Münster não se resumia a números. Era uma história de progresso tecnológico. À medida que os painéis solares se tornavam mais eficientes e os custos de fabrico diminuíam, o sonho de uma Dinamarca alimentada a energia solar parecia mais próximo do que nunca.

O impacto no mundo real

Uma Dinamarca mais limpa: A adoção da energia solar poderá ajudar a Dinamarca a reduzir as suas emissões de carbono, dando o exemplo a outras nações que lutam por um futuro mais verde.
Independência energética: A energia solar pode libertar a Dinamarca dos combustíveis fósseis, garantindo um abastecimento energético estável e seguro.
Crescimento económico: O sector da energia solar tem potencial para criar emprego e impulsionar a economia dinamarquesa.
A política é importante: A investigação serve para recordar aos decisores políticos que as políticas de apoio podem acelerar a adoção da energia solar, conduzindo a uma Dinamarca mais limpa e mais próspera.

O fim... Ou apenas o começo?

O trabalho de Lund e Münster fornece um roteiro valioso para a jornada solar da Dinamarca. Embora os custos iniciais possam parecer assustadores, os benefícios a longo prazo são inegáveis. Com avanços tecnológicos contínuos e políticas de apoio, a história da energia solar na Dinamarca está pronta para um final feliz - um futuro energético sustentável e limpo para as gerações vindouras.

Revelando o lado ensolarado: O potencial de energia solar da Áustria 

Num estudo inovador de 2003, Haas e Lettner embarcam numa missão para iluminar o verdadeiro potencial da energia solar na Áustria. Pense nisto como uma missão épica, em que a energia solar é o herói que luta contra o dragão ardente dos combustíveis fósseis!

As conclusões da Quest

O Tesouro Dourado (Viabilidade Económica): Embora a energia solar exija inicialmente um investimento avultado, os benefícios a longo prazo são como a descoberta de um baú de tesouro. A redução das facturas de energia e os generosos incentivos governamentais fazem com que, a longo prazo, seja uma escolha financeiramente sensata.

O guardião do ambiente: A energia solar surge como o valente protetor da beleza natural da Áustria, reduzindo drasticamente as desagradáveis emissões de gases com efeito de estufa, em comparação com os seus rivais poluentes de combustíveis fósseis.

A fortaleza da independência energética: Ao aproveitar a energia do sol, a Áustria pode reduzir a sua dependência da energia importada, fortalecendo a sua segurança energética como se estivesse a construir uma fortaleza impenetrável.

A Oficina do Mago (Avanços Tecnológicos): O estudo revela a importância de uma inovação constante nos painéis solares e nos sistemas de armazenamento, como uma oficina de feiticeiro a preparar poções para aumentar a eficiência e reduzir os custos.

Aprofundar

O Ábaco da Economia: Haas e Lettner analisam meticulosamente os números, demonstrando que, com uma pitada de incentivos financeiros e uma pitada de progresso tecnológico, a energia solar pode superar as fontes de energia tradicionais em termos de custo-eficácia.

A balança verde: O estudo mostra como a energia solar faz pender a balança para um futuro mais verde, quantificando o impacto positivo na qualidade do ar e na saúde pública.

A bússola política: A investigação aponta uma direção clara para os decisores políticos, defendendo políticas de apoio que fomentem o crescimento da energia solar. Pense em subsídios, benefícios fiscais e investimentos em investigação e desenvolvimento, como solo fértil para um jardim solar florescente.

Iluminando o caminho a seguir

Para os líderes sábios (decisores políticos): Este estudo serve como uma estrela guia para a elaboração de estratégias eficazes para inaugurar uma era de energias renováveis. Ao fornecerem os incentivos corretos e ao promoverem a inovação, podem acelerar o caminho para a sustentabilidade.

Para os investidores ousados: Os conhecimentos aqui revelados equipam os investidores com os conhecimentos necessários para apoiarem com confiança empreendimentos de energia solar, reconhecendo o seu potencial tanto para ganhos financeiros como para um impacto ambiental positivo.

Para o Povo do Sol: A consciencialização e a aceitação do público são cruciais para esta revolução solar. Educar as massas sobre os benefícios da energia solar, como espalhar a luz do sol, abrirá o caminho para uma adoção generalizada.

Em conclusão

O estudo de Haas e Lettner ilumina a promessa da energia solar na Áustria. É um apelo à ação, incitando-nos a abraçar esta fonte de energia limpa e abundante para construir um futuro sustentável e próspero. Por isso, levantemos os nossos copos ao sol, a derradeira fonte de energia, e ao futuro brilhante que ele nos reserva a todos! 🥂

Suíça: O apanhador de sol alpino

Imagine a Suíça como um relojoeiro meticuloso, pesando cuidadosamente as engrenagens e as molas da energia solar. O custo inicial é como o preço de um relógio de luxo, mas as poupanças a longo prazo e os incentivos governamentais são as complicações intrincadas que fazem com que valha a pena. O sol, embora não seja abrasador como no Mediterrâneo, oferece um brilho constante e fiável, como a luz suave que se filtra através da janela de um chalé suíço. É um testemunho da precisão suíça - mesmo com sol moderado, a energia solar pode funcionar de forma constante, contribuindo para os seus objectivos de energia renovável.

Portugal: O Navegador do Sol

Imagine Portugal como um marinheiro experiente, aproveitando a luz solar abundante como um poderoso vento alísio que enche as suas velas. O sol aqui é um companheiro constante, uma promessa dourada de energia. O custo inicial é como o preço de um navio robusto, um investimento que compensa generosamente à medida que a viagem avança. Os ventos económicos são favoráveis e o potencial de crescimento do mercado solar é vasto, como um oceano inexplorado pronto a ser explorado. Com a energia solar, Portugal pode traçar uma rota para a independência energética e um futuro mais verde.

Turquia: O Bazar Solar

Imagine a Turquia como um bazar movimentado, cheio de cores vibrantes e possibilidades. O sol brilha intensamente, lançando uma luz quente sobre o potencial da energia solar. É como uma mercadoria valiosa à espera de ser comercializada, com condições favoráveis para o seu cultivo. O custo inicial é o preço de entrada neste mercado, mas com o apoio do governo, é uma pechincha. Os benefícios económicos são abundantes, prometendo crescimento e emprego. É uma oportunidade para a Turquia integrar a energia solar no tecido da sua paisagem energética, criando uma tapeçaria de sustentabilidade e prosperidade.

Conclusão

Cada país, com o seu contexto geográfico e económico único, oferece uma perspetiva diferente sobre a viabilidade económica da energia solar. É uma história de cálculos cuidadosos na Suíça, uma viagem confiante em Portugal e uma oportunidade de mercado vibrante na Turquia. Em todos os três casos, o sol ilumina um caminho promissor para um futuro mais limpo e sustentável.

A investigação inovadora de Quoilin e Orosz funciona como um farol, iluminando o caminho para a adoção da energia solar na Bélgica. Dissecaram meticulosamente os custos dos sistemas solares fotovoltaicos, revelando uma paisagem em que o preço dos módulos tem vindo a diminuir constantemente como um sol poente, lançando um brilho dourado de acessibilidade sobre as energias renováveis.

A sua análise pinta um quadro de viabilidade económica, em que os incentivos governamentais e a queda do custo da tecnologia fotovoltaica se entrelaçam como os fios de uma tapeçaria, criando um cenário vibrante de crescimento e potencial. Isto é ainda amplificado pelos benefícios ambientais, mostrando a energia solar como um farol de esperança, reduzindo as emissões de gases com efeito de estufa e promovendo a independência energética.

As implicações desta investigação no mundo real repercutem-se em toda a paisagem. Apelam a incentivos governamentais sustentados, a um investimento contínuo em investigação e desenvolvimento e a uma mudança na dinâmica do mercado que favoreça as energias renováveis. O potencial de criação de emprego e os benefícios ambientais são imensos, o que nos dá uma imagem de um futuro em que a energia solar não é apenas uma opção, mas a pedra angular de uma sociedade sustentável.

Em conclusão, o trabalho de Quoilin e Orosz fornece um roteiro para a Bélgica, orientando-a para um futuro alimentado pelo sol. É um apelo à ação, que exorta os decisores políticos, as empresas e os indivíduos a adoptarem os sistemas solares fotovoltaicos e, ao fazê-lo, criarem um legado de sustentabilidade para as gerações vindouras. É um testemunho do poder da investigação e da inovação, mostrando-nos que a transição para um futuro de energia limpa não é apenas possível, está ao nosso alcance.

Imaginem a Grécia a apanhar sol, as suas ruínas antigas banhadas por uma luz dourada que sussurra um futuro alimentado por esse mesmo corpo celeste. É esta a visão que Zafirakis e Kavadias (2011) apresentam com a sua análise custo-benefício da energia solar na Grécia.

Mergulharam a fundo, analisando os custos de instalação, manutenção, estimativas de produção de energia e o valor esquivo do ar limpo e do céu azul. O resultado? Um apoio retumbante à energia solar, não só como um sonho de um guerreiro ecológico, mas também como uma jogada económica inteligente.

A despesa inicial com os painéis solares pode parecer um pouco de água fria, mas é um arrepio passageiro comparado com as poupanças a longo prazo nas facturas de energia. É como trocar um gasto único num par de botas de caminhada durável por uma vida inteira de escaladas gratuitas.

Além disso, os painéis solares são o hóspede silencioso e de baixa manutenção que nunca soube que queria. Ficam ali sentados, absorvendo o sol e transformando-o em eletricidade, exigindo pouco mais do que uma limpeza ocasional do pó.

Entretanto, os benefícios ambientais são como uma lufada de ar fresco do Egeu. As emissões de CO2 caem a pique, o smog desaparece e a Grécia dá um passo corajoso em direção a um futuro mais verde. É uma situação em que todos ganham: salvar o planeta e poupar dracmas.

É claro que nenhuma utopia solar é construída sem o apoio de um governo. Os autores defendem fortemente a existência de subsídios e incentivos, que levem as pessoas a optar pela energia solar como uma brisa suave que guia um barco à vela.

Imaginemos uma Grécia onde os telhados se enchem de painéis solares, como um campo de girassóis a alcançar o céu. As casas e as empresas transformam-se em ilhas de energia autosuficientes e o ar respira o zumbido limpo e silencioso do progresso. É um futuro em que o crescimento económico e a sustentabilidade ambiental andam de mãos dadas, alimentados pela energia ilimitada do sol.

Este estudo não é apenas uma coleção de números e gráficos; é um roteiro para um amanhã mais brilhante. Mostra que abraçar a energia solar não é apenas um ato de responsabilidade ambiental, é um ato de brilhantismo económico. Está na altura de a Grécia aproveitar a oportunidade de ouro do sol e brilhar.

Energia solar no Médio Oriente e no Norte de África

Banhar-se ao sol da Arábia: A promessa de ouro da energia solar na Arábia Saudita

Rehman & Al-Hadhrami pintam o quadro de uma terra banhada pela luz do sol - uma terra onde as areias do deserto poderiam brilhar com painéis solares, alimentando uma nova era de independência energética. No seu estudo de 2010, imaginam a Arábia Saudita, não apenas como um gigante do petróleo, mas como um titã da energia solar. Os números corroboram a sua visão: luz solar abundante, queda dos custos da tecnologia solar e uma oportunidade de se libertar das cadeias dos combustíveis fósseis. É uma visão de um futuro mais verde, uma Arábia Saudita sustentável onde a segurança energética não é uma quimera, mas uma realidade. O único senão? A vontade política. Sem um forte apoio governamental, este sonho dourado pode não passar disso mesmo - um sonho.

A economia egípcia beijada pelo sol: Alimentar um futuro mais verde

El-Shimy, em 2009, pinta um quadro semelhante, mas com uma tela diferente: o Egito. Ele imagina uma nação onde as antigas pirâmides estão de sentinela sobre uma nova vaga de parques solares, alimentando não só as casas, mas toda uma economia. As conclusões do estudo são um farol de esperança: a energia solar reduz os custos energéticos, cria emprego e reduz a dependência do Egito de combustíveis importados. É a visão de um Egito autossuficiente, que se ergue, alimentado pelo seu próprio sol. Mas, tal como na Arábia Saudita, o caminho para este futuro iluminado pelo sol é pavimentado com políticas. Sem o apoio do governo, a revolução solar do Egito pode continuar a ser apenas um sussurro no vento do deserto.

Duas nações, um sol: O futuro solar do Médio Oriente

Em conjunto, estes estudos contam a história de duas nações, ligadas por um sol comum. Pintam o quadro de um Médio Oriente onde o deserto, outrora visto como uma extensão estéril, é transformado num terreno fértil para as energias renováveis. Mas não se trata apenas de independência energética; trata-se de crescimento económico, gestão ambiental e um futuro sustentável para milhões de pessoas. O sol está lá, o potencial é claro e o tempo está a passar. A questão mantém-se: será que estas nações vão aproveitar o dia ou deixar que o sol se ponha nos seus sonhos solares?

O ato de equilíbrio solar: Custos vs. Benefícios no Sol de Israel

D. Faiman (2008) retrata a energia solar em Israel não como um simples interrutor a acionar, mas como uma balança delicada. O investimento inicial, um peso pesado de um lado, representa a infraestrutura substancial necessária. No entanto, o outro lado, repleto de poupanças operacionais a longo prazo e de ganhos ambientais, faz pender lentamente a balança.

Um horizonte mais verde

A investigação pinta um quadro em que os painéis solares, brilhando sob o sol israelita, actuam como guardiões silenciosos contra a maré crescente de gases com efeito de estufa. Cada raio de luz solar aproveitado reduz a dependência dos combustíveis fósseis, oferecendo uma lufada de ar fresco a um planeta que anseia por céus mais limpos.

Empoderamento económico

Para além dos benefícios ambientais, o estudo aponta para o potencial económico da energia solar. O investimento inicial, embora substancial, actua como uma semente, germinando num campo de empregos verdes e avanços tecnológicos. Com o tempo, a dependência de Israel dos combustíveis importados diminui, sendo substituída pelo brilho dourado da independência energética.

O caminho a seguir

A investigação de Faiman não é apenas uma coleção de dados, é um roteiro. Sugere que a energia solar, embora inicialmente exigente, oferece um caminho sustentável para um futuro mais brilhante, mais limpo e mais próspero para Israel. Trata-se de um investimento não só em tecnologia, mas também na resistência e no bem-estar das gerações vindouras.

Na terra ensolarada dos Emirados Árabes Unidos, a pesquisa de Kazim de 2007 sobre o custo dos sistemas solares fotovoltaicos ilumina um caminho promissor. Como um detetive financeiro, ele disseca meticulosamente as despesas, desde o investimento inicial até à manutenção contínua, revelando as jóias escondidas de potenciais poupanças.

O estudo de Kazim dá-nos uma imagem muito clara: a paisagem solar dos EAU está repleta de possibilidades. Com o seu sol abundante, o potencial de aproveitamento de energia limpa é imenso. No entanto, o investimento inicial em sistemas solares fotovoltaicos pode ser um obstáculo, um preço elevado que pode dissuadir até o ambientalista mais entusiasta.

Mas não há que ter medo, porque a investigação de Kazim também revela o lado positivo: os custos de operação e manutenção são extremamente baixos. Uma vez instaladas, estas centrais de energia solar requerem uma manutenção mínima, como uma máquina bem oleada a funcionar sem problemas. E com o ambiente poeirento dos Emirados Árabes Unidos, a limpeza regular garante que estes sistemas continuem a aproveitar os raios solares, maximizando a sua produção de energia.

O verdadeiro teste de qualquer investimento é o seu retorno e, neste caso, este é medido pelo custo nivelado da eletricidade (LCOE). A análise de Kazim revela uma revelação emocionante: o LCOE para sistemas solares fotovoltaicos nos Emirados Árabes Unidos já é competitivo com as fontes de energia convencionais. Quando consideramos os benefícios ambientais, a balança pende ainda mais a favor da energia solar.

Imagine um futuro em que a linha do horizonte dos EAU é adornada com painéis solares, gerando silenciosamente energia limpa. Esta visão não é apenas um sonho, mas uma realidade tangível apoiada pela investigação de Kazim. Com os avanços tecnológicos contínuos e as políticas corretas em vigor, os sistemas solares fotovoltaicos podem tornar-se uma pedra angular da paisagem energética dos EAU.

Desde a redução das emissões de gases com efeito de estufa até à criação de novos postos de trabalho, os benefícios são inegáveis. O estudo de Kazim de 2007 serve de roteiro, orientando os EAU para um futuro sustentável alimentado pelo sol. É um apelo à ação, um lembrete de que o poder de mudança está ao nosso alcance.

Abraçando a oportunidade de ouro de Marrocos: Uma análise custo-benefício da energia solar

No coração do Saara, banhado pelo sol, o estudo de 2011 de Amrani traça um retrato vivo do potencial solar de Marrocos. Imagine um país onde o sol não é apenas uma fonte de calor, mas uma fonte de energia limpa, à espera de ser explorada. Amrani disseca meticulosamente os custos e benefícios de aproveitar esta oportunidade de ouro, oferecendo um roteiro para um futuro mais verde e mais próspero.

O preço do progresso:

Como qualquer empreendimento ambicioso, a energia solar exige um investimento inicial. Os custos iniciais de instalação podem ser assustadores, mas a análise de Amrani revela um lado positivo: poupanças a longo prazo que ultrapassam o gasto inicial. É como plantar uma árvore que pode levar anos a dar frutos, mas que, quando dá, fornece o sustento para as gerações vindouras.

O Dividendo Verde:

A energia solar não se trata apenas de poupar dinheiro, trata-se de salvar o planeta. A investigação de Amrani destaca a redução drástica das emissões de gases com efeito de estufa que a energia solar proporciona. Imagine um Marrocos onde o ar é mais limpo, os céus são mais claros e a saúde dos seus cidadãos é melhorada. É a visão de um futuro sustentável em que o crescimento económico e a proteção do ambiente andam de mãos dadas.

Um apelo à ação:

O estudo de Amrani não se limita à análise, mas lança um apelo à ação. Sublinha o papel vital das políticas governamentais para desbloquear o potencial solar de Marrocos. Incentivos financeiros, subsídios e regulamentos simplificados são a chave para desencadear uma onda de investimento em energia limpa.

Um Amanhã Mais Brilhante:

As implicações da investigação de Amrani são de grande alcance. É um testemunho do poder transformador da energia solar, não apenas para Marrocos, mas para o mundo. Imagine um futuro em que países como Marrocos lideram o caminho das energias renováveis, abrindo caminho para uma economia global sustentável. É um futuro em que o sol não é apenas uma fonte de luz, mas um farol de esperança para as gerações vindouras.

Economia da energia solar em todo o mundo

1. Energia solar no Quénia: Uma oportunidade económica brilhante

Ondraczek (2014) destaca o potencial económico da energia solar no Quénia. A energia solar está a tornar-se mais acessível, proporcionando acesso à energia nas zonas rurais, beneficiando o ambiente e reforçando a economia. Não se trata apenas de energia renovável; trata-se de capacitar as comunidades e preparar o caminho para um futuro mais risonho.

Conclusão principal: A energia solar não é apenas um sonho verde; é um caminho prático para um futuro melhor no Quénia.
2. O surto solar do Gana: Uma potência económica em construção

Kemausuor et al. (2015) ilustram os efeitos económicos da energia solar no Gana. Trata-se de mais do que apenas energia limpa; trata-se de criar empregos, reforçar a segurança energética e poupar dinheiro. Embora existam desafios, os benefícios potenciais são inegáveis. O Gana está a aproveitar o poder do sol para impulsionar o crescimento económico.

Principais conclusões: A energia solar no Gana é um exemplo brilhante de como as energias renováveis podem ser um catalisador para a transformação económica.
3. Thailand's Solar Sunrise: Uma análise económica

Limmeechokchai & Chawana (2007) fazem uma análise aprofundada da viabilidade económica da energia solar na Tailândia. As suas conclusões são encorajadoras: a energia solar não é apenas ambientalmente correta, mas também financeiramente inteligente. Embora subsistam desafios, a jornada solar da Tailândia é um testemunho do poder das energias renováveis para impulsionar o progresso ambiental e económico.

Conclusão principal: A história da energia solar na Tailândia é um lembrete de que investir em energia renovável não é apenas uma escolha responsável; é também uma escolha inteligente.
Em geral, estes estudos demonstram que a energia solar não é apenas uma iniciativa ambiental; é um poderoso motor económico, capaz de impulsionar a criação de emprego, a segurança energética e o crescimento sustentável em África e na Ásia.

Lembre-se: A energia solar não se trata apenas de ligar um interruptor; trata-se de desencadear uma transformação económica e de iluminar um caminho para um futuro mais brilhante e mais sustentável.

Imaginem isto: A Coreia do Sul, uma nação alimentada pelo sol, não apenas em sentido figurado, mas literalmente. É uma visão que Kim e Park (2012) pintam na sua investigação, onde dissecam os custos e benefícios da energia solar na Coreia do Sul.

As suas descobertas são um farol de esperança, iluminando um caminho para um futuro mais limpo e mais verde. Revelam que a energia solar, embora inicialmente seja um empreendimento caro, é como um presente que continua a dar. Com o tempo, paga-se a si própria através de facturas de eletricidade mais baixas e de incentivos governamentais, provando a sua viabilidade económica.

Mas os benefícios não se ficam por aqui. É como trocar um carro que consome muita gasolina por um elegante veículo elétrico. A mudança para a energia solar reduz drasticamente as incómodas emissões de gases com efeito de estufa, limpando o ar e melhorando a saúde pública.

Pense nisto como uma rede de segurança. Ao aproveitar a energia do sol, a Coreia do Sul pode reduzir a sua dependência de combustíveis fósseis importados, reforçando a sua segurança energética e protegendo-se da volatilidade dos mercados energéticos.

E não esqueçamos o impulso económico. A indústria solar é uma máquina de criação de emprego, gerando emprego no fabrico, instalação e manutenção, contribuindo para a prosperidade da nação.

Mas esta visão não está isenta de desafios. O custo inicial dos sistemas de energia solar pode ser um obstáculo, como uma montanha íngreme para escalar. Mas Kim e Park (2012) sugerem que o apoio contínuo do governo, os avanços tecnológicos e a consciencialização do público podem facilitar o caminho, tornando a energia solar acessível a todos.

Em conclusão, Kim e Park (2012) apresentam um caso convincente para a energia solar na Coreia do Sul. É uma história de transformação, de uma nação que aproveita o poder do sol para criar um futuro mais brilhante e mais sustentável. A sua investigação é um apelo à ação, instando a Coreia do Sul a adotar a energia solar, não apenas como fonte de energia, mas como catalisador da mudança, conduzindo a um ambiente mais limpo, a uma economia mais forte e a um futuro energético mais seguro.

Nas paisagens ensolaradas da Nigéria, Sambo et al. (2010) embarcaram numa busca para iluminar o verdadeiro custo do aproveitamento da energia do sol. O seu estudo, um mergulho profundo no mundo dos sistemas solares fotovoltaicos (PV), revela uma história de obstáculos iniciais, ganhos a longo prazo e um caminho cintilante para um futuro mais verde.

O preço do sol

Como qualquer grande aventura, a viagem em direção à energia solar começa com um investimento. Os custos iniciais de instalação, incluindo painéis, inversores e baterias, ensombram o projeto. No entanto, Sambo et al. recordam-nos que esta despesa inicial é uma porta de entrada para um futuro mais risonho.

O toque suave do sol

Uma vez instalado, o sistema solar fotovoltaico funciona com um mínimo de manutenção, um forte contraste com a natureza temperamental das fontes de energia convencionais. É um testemunho do toque suave do sol, um companheiro fiável na paisagem energética da Nigéria.

Um regresso radiante

Com o passar do tempo, a generosidade do sol torna-se evidente. As facturas de eletricidade diminuem e a possibilidade de vender o excedente de energia à rede dá uma imagem de liberdade financeira. O retorno do investimento, especialmente em regiões banhadas pelo sol, revela-se uma recompensa radiante.

Uma lufada de ar fresco

Para além dos ganhos financeiros, os sistemas solares fotovoltaicos dão vida às aspirações ambientais da Nigéria. As emissões de carbono caem a pique, alinhando a nação com a luta global contra as alterações climáticas. É uma fonte de energia sustentável, um farol de esperança num mundo que se debate com as consequências da dependência dos combustíveis fósseis.

Iluminando o caminho a seguir

As implicações do estudo de Sambo et al. repercutem-se no tecido socioeconómico da Nigéria:

Segurança energética: O sol diminui a dependência da Nigéria dos combustíveis fósseis, protegendo a nação das marés voláteis dos preços globais do petróleo.
Crescimento económico: A indústria solar cresce, criando empregos e fomentando a produção local, um testemunho do poder do sol para fomentar a prosperidade.
Eletrificação rural: As aldeias remotas, outrora envoltas em escuridão, brilham com a luz solar, criando oportunidades e melhorando a vida das pessoas.

Política sob o sol

Para aproveitar plenamente o potencial do sol, Sambo et al. propõem um roteiro:

Incentivos e subsídios: O apoio governamental pode aliviar os encargos financeiros iniciais, tornando os sistemas solares fotovoltaicos acessíveis a todos.
Quadro regulamentar: Um conjunto claro de regras garante a qualidade e a segurança das instalações solares, fomentando a confiança nesta tecnologia radiante.

Conclusão: Um amanhecer movido a energia solar

O estudo de Sambo et al. traça um quadro vívido dos sistemas solares fotovoltaicos na Nigéria - uma subida inicial seguida de uma vista deslumbrante de benefícios a longo prazo. O sol, outrora um corpo celeste distante, transforma-se numa fonte tangível de segurança energética, crescimento económico e gestão ambiental. É um testemunho do poder do engenho humano, um lembrete de que, mesmo no meio de desafios, um amanhecer movido a energia solar está à espera.

Energia solar no Sudeste Asiático

Indonésia: beijada pelo sol e alimentada por energia solar

Imagine a Indonésia, um extenso arquipélago banhado pelo sol durante todo o ano. Handoyo & Setiawan (2009) pintam um quadro em que esta energia solar abundante não é apenas uma bela vista, é uma oportunidade de ouro. Os autores analisam os números, ponderando o custo inicial dos painéis solares em relação às poupanças a longo prazo e à inestimável dádiva de um ar mais limpo. A mensagem é clara: a energia solar na Indonésia não é apenas um sonho, é um investimento inteligente. É uma oportunidade para a Indonésia se erguer, alimentada pelo seu próprio sol, e liderar o caminho para um futuro mais verde.

Vietname: Erguer-se com o Sol

Agora, imagine o Vietname, uma nação em movimento, com a sua economia a fervilhar de atividade. Nguyen (2007) destaca o desafio que este crescimento traz consigo: uma fome de energia que é difícil de satisfazer. A energia solar surge como um farol de esperança, oferecendo uma solução limpa e caseira. Sim, o custo inicial é elevado, mas os benefícios a longo prazo são inegáveis. É uma história de escolhas inteligentes, em que investir em energia solar hoje significa um amanhã mais brilhante e mais sustentável. É uma oportunidade para o Vietname impulsionar o seu progresso com a energia infinita do sol.

Mekhilef, Saidur e Safari (2011) traçam um quadro solarengo para a energia solar na Malásia. É como se tivessem pegado numa lupa para analisar a paisagem económica e ambiental, revelando as jóias escondidas da energia solar.

Viabilidade económica:

A regra de ouro do investimento: Embora os painéis solares possam parecer caros à partida, são como uma prenda que continua a dar. As poupanças a longo prazo nas contas de eletricidade transformam-nos numa potência financeira.
Análise de números: Os investigadores não têm medo de sujar as mãos com métricas financeiras. Utilizam o VAL, a TIR e o período de retorno do investimento para provar que os projectos solares podem ser uma mina de ouro.
O preço é justo: À medida que a tecnologia fotovoltaica se torna mais acessível, a energia solar está a transformar-se de um luxo numa necessidade.

Impacto ambiental:

O verde é o novo preto: A energia solar é um super-herói, combatendo as alterações climáticas com a sua capacidade de reduzir as emissões de gases com efeito de estufa.
Gigante gentil: Em comparação com outras fontes renováveis, como a energia hidroelétrica, a energia solar é pouco agressiva para o ambiente.

Políticas governamentais:

A mão que guia: O apoio do governo é o vento que sopra sob as asas da energia solar. Incentivos e esquemas como o MBIPV e o FiT tornam os projectos solares irresistíveis para os investidores.
Poder da política: Os investigadores apelam aos decisores políticos para que aproveitem o poder da política para criar um ambiente favorável à energia solar.

Avanços tecnológicos:

A necessidade de velocidade: Para desbloquear verdadeiramente o potencial da energia solar, temos de acelerar o progresso tecnológico. Células fotovoltaicas mais eficientes e melhores soluções de armazenamento de energia são as chaves para um futuro mais brilhante.
Inovar ou estagnar: Os investigadores lançam um apelo à continuação da I&D no domínio da tecnologia solar.

Implicações no mundo real:

Decisores políticos: Este estudo é um mapa do tesouro, que orienta os decisores políticos para a criação de incentivos e regulamentos eficazes para promover uma indústria solar próspera.
Os investidores: A análise económica fornece uma bola de cristal, revelando os potenciais retornos e riscos dos projectos solares.
Ambientalistas: Os benefícios ambientais destacados no documento são um grito de alerta para que a Malásia adopte a energia solar como pedra angular da sua estratégia climática.
Inovadores tecnológicos: A ênfase do estudo na tecnologia funciona como um farol, iluminando o caminho para um futuro solar mais eficiente e acessível.
Mekhilef, Saidur e Safari (2011) não se limitam a apresentar dados; oferecem uma visão. A sua investigação pinta um quadro de uma Malásia onde a energia solar não é apenas uma possibilidade, é uma realidade. É um futuro em que a prosperidade económica e a sustentabilidade ambiental andam de mãos dadas, alimentadas pela energia ilimitada do sol.

Alili e Islam (2014) destacam o coração económico dos sistemas solares fotovoltaicos nas Filipinas. É como se tivessem feito uma radiografia financeira, revelando os custos destes sistemas - módulos, inversores, instalação e manutenção. A grande conclusão? A energia solar fotovoltaica é financeiramente sólida, especialmente com os preços dos módulos em queda livre.

A sua análise é como uma bola de cristal, utilizando o Valor Atual Líquido (VAL), a Taxa Interna de Rentabilidade (TIR) e os períodos de retorno para prever um futuro financeiro ensolarado para a energia solar. No entanto, nem tudo é fácil; as alterações nos preços da eletricidade, nas taxas de juro ou nos custos do sistema podem abanar o barco. As suas recomendações políticas são como uma bússola, apontando para subsídios, benefícios fiscais e um quadro regulamentar forte para navegar nos mares da energia solar.

Imaginemos as Filipinas, libertas dos combustíveis fósseis, com a sua paisagem energética transformada. Painéis solares a brilhar nos telhados, um testemunho de um futuro mais verde. Não se trata apenas do ambiente; trata-se do crescimento económico, da criação de emprego e de uma nação fortalecida pela independência energética. A investigação de Alili e Islam não é apenas académica; é um projeto para um futuro mais brilhante. É um apelo à ação, um lembrete de que o poder de mudança está ao nosso alcance. Por isso, vamos aproveitar a energia do sol, não só para hoje, mas para as gerações vindouras. Não se trata apenas de um investimento em tecnologia; é um investimento no nosso futuro.

Imaginem o Paquistão, banhado pela luz dourada do sol. Rehman e Al-Hadhrami, em 2010, viram este potencial e embarcaram numa missão para desvendar os segredos económicos e ambientais da energia solar nesta terra abençoada pelo sol. As suas descobertas foram como um raio de esperança: a energia solar não era apenas um sonho verde, mas uma realidade viável e até lucrativa.

Descobriram que, apesar dos custos iniciais de instalação, as centrais de energia solar são como a tartaruga na corrida à energia - lentas e estáveis, com baixos custos de funcionamento e uma longa vida útil, acabando por ultrapassar a lebre dos combustíveis fósseis. Os benefícios ambientais são igualmente deslumbrantes: uma redução significativa dos incómodos gases com efeito de estufa, uma lufada de ar fresco para a luta do Paquistão contra as alterações climáticas.

Mas há mais! A energia solar não tem apenas a ver com salvar o planeta; tem a ver com dar poder ao Paquistão. Imagine um país menos dependente de combustíveis importados, com o seu futuro energético nas suas próprias mãos. Imagine uma vaga de novos empregos, desde o fabrico de painéis solares até à sua instalação nos telhados. É a visão de um Paquistão mais forte e autossuficiente.

As implicações no mundo real são claras. É altura de o governo dar um passo em frente e defender a energia solar com políticas que a façam brilhar ainda mais. O investimento em infra-estruturas é fundamental - pensemos em linhas de transmissão, sistemas de armazenamento, a espinha dorsal de uma nação movida a energia solar. E não nos esqueçamos das pessoas; a sensibilização para os benefícios da energia solar irá desencadear um movimento de base, com casas e empresas a beneficiarem do seu brilho.

A investigação de Rehman e Al-Hadhrami não é apenas um relatório, é um roteiro. Mostra-nos que o Paquistão, abençoado com sol abundante, pode transformar este recurso natural num farol de progresso económico e ambiental. É um apelo à ação, uma oportunidade para construir um futuro mais brilhante e mais sustentável, alimentado pelo sol.

Dados suplementares

Sario, Azhar ul Haque, 2024, "Supplementary references for book title Solar Energy Cost: 100 Research Findings on 40 Countries", https://doi.org/10.7910/DVN/MKCIN1, Harvard Dataverse, V1

https://doi.org/10.7910/DVN/MKCIN1

Sobre o autor

Sou autor de bestsellers. Tenho competências técnicas comprovadas (certificações Google) para produzir livros perspicazes com dez anos de experiência empresarial.

Azhar.sario@hotmail.co.uk

Printed by Books on Demand GmbH, Norderstedt / Germany